기적의 계산법

초등 6학년

11권

기적의 계산법 · 11권

초판 발행 2021년 12월 20일
초판 7쇄 2024년 7월 31일

지은이 기적학습연구소
발행인 이종원
발행처 길벗스쿨
출판사 등록일 2006년 7월 1일
주소 서울시 마포구 월드컵로 10길 56(서교동)
대표 전화 02)332-0931 | **팩스** 02)333-5409
홈페이지 school.gilbut.co.kr | **이메일** gilbut@gilbut.co.kr

기획 이선정(dinga@gilbut.co.kr) | **편집진행** 홍현경, 이선정
제작 이준호, 손일순, 이진혁 | **영업마케팅** 문세연, 박선경, 박다슬 | **웹마케팅** 박달님, 이재윤, 이지수, 나혜연
영업관리 김명자, 정경화 | **독자지원** 윤정아
디자인 정보라 | **표지 일러스트** 김다예 | **본문 일러스트** 김지하
전산편집 글사랑 | **CTP 출력·인쇄·제본** 예림인쇄

▶ 본 도서는 '절취선 형성을 위한 제본용 접지 장치(Folding apparatus for bookbinding)' 기술 적용도서입니다.
특허 제10-2301169호
▶ 잘못 만든 책은 구입한 서점에서 바꿔 드립니다.

ISBN 979-11-6406-408-3 64410
(길벗 도서번호 10819)

정가 9,000원

연산, 왜 해야 하나요?

"계산은 계산기가 하면 되지,
다 아는데 이 지겨운 걸 계속 풀어야 해?"
아이들은 자주 이렇게 말해요. 연산 훈련, 꼭 시켜야 할까요?

1. 초등수학의 80%, 연산

초등수학의 5개 영역 중에서 가장 많은 부분을 차지하는 것이 바로 수와 연산입니다. 절반 정도를 차지하고 있어요.
그런데 곰곰이 생각해 보면 도형, 측정 영역에서 길이의 덧셈과 뺄셈, 시간의 합과 차, 도형의 둘레와 넓이처럼
다른 영역의 문제를 풀 때도 마지막에는 연산 과정이 있죠.
이때 연산이 충분히 훈련되지 않으면 문제를 끝까지 해결하기 어려워집니다.
초등학교 수학의 핵심은 연산입니다. 연산을 잘하면 수학이 재미있어지고 점점 자신감이 붙어서 수학을 잘할 수 있어요.
연산 훈련으로 아이의 '수학자신감'을 키워주세요.

2. 아깝게 틀리는 이유, 계산 실수 때문에!
시험 시간이 부족한 이유, 계산이 느려서!

1, 2학년의 연산은 눈으로도 풀 수 있는 문제가 많아요. 하지만 고학년이 될수록 연산은 점점 복잡해지고,
한 문제를 풀기 위해 거쳐야 하는 연산 횟수도 훨씬 많아집니다. 중간에 한 번만 실수해도 문제를 틀리게 되죠.
아이가 작은 연산 실수로 문제를 틀리는 것만큼 안타까울 때가 또 있을까요?
어려운 글도 잘 이해했고, 식도 잘 세웠는데 아주 작은 실수로 문제를 틀리면 엄마도 속상하고, 아이는 더 속상하죠.
게다가 고학년일수록 수학이 더 어려워지기 때문에 계산하는 데 시간이 오래 걸리면 정작 문제를 풀 시간이 부족하고,
급한 마음에 실수도 종종 생깁니다.
가볍게 생각하고 그대로 방치하면 중·고등학생이 되었을 때 이 부분이 수학 공부에 치명적인 약점이 될 수 있어요.
공부할 내용은 늘고 시험 시간은 줄어드는데, 절차가 많고 복잡한 문제를 해결할 시간까지 모자랄 수 있으니까요.
연산은 쉽더라도 정확하게 푸는 반복 훈련이 꼭 필요해요. 처음 배울 때부터 차근차근 실력을 다져야 합니다.
처음에는 느릴 수 있어요. 이제 막 배운 내용이거나 어려운 연산은 손에 익히는 데까지 시간이 필요하지만,
정확하게 푸는 연습을 꾸준히 하면 문제를 푸는 속도는 자연스럽게 빨라집니다.
꾸준한 반복 학습으로 연산의 '정확성'과 '속도' 두 마리 토끼를 모두 잡으세요.

연산, 이렇게 공부하세요.

연산을 왜 해야 하는지는 알겠는데, 어떻게 시작해야 할지 고민되시나요?
연산 훈련을 위한 다섯 가지 방법을 알려 드릴게요.

1 매일 같은 시간, 같은 양을 학습하세요.

공부 습관을 만들 때는 학습 부담을 줄이고 최소한의 시간으로 작게 목표를 잡아서 지금 할 수 있는 것부터 시작하는 것이 좋습니다. 이때 제격인 것이 바로 연산 훈련입니다. '얼마나 많은 양을 공부하는가'보다 '얼마나 꾸준히 했느냐'가 연산 능력을 키우는 가장 중요한 열쇠거든요.

매일 같은 시간, 하루에 10분씩 가벼운 마음으로 연산 문제를 풀어 보세요. 등교 전이나 하교 후, 저녁 먹은 후에 해도 좋아요. 학교 쉬는 시간에 풀 수 있게 책가방 안에 한 장 쏙 넣어줄 수도 있죠. 중요한 것은 매일, 같은 시간, 같은 양으로 아이만의 공부 루틴을 만드는 것입니다. 메인 학습 전에 워밍업으로 활용하면 짧은 시간 몰입하는 집중력이 강화되어 공부 부스터의 역할을 할 수도 있어요.

아이가 자라고, 점점 공부할 양이 늘어나면 가장 중요한 것이 바로 매일 공부하는 습관을 만드는 일입니다. 어릴 때부터 계획하고 실행하는 습관을 만들면 작은 성취감과 자신감이 쌓이면서 다른 일도 해낼 수 있는 내공이 생겨요.

토독, 한 장씩 가볍게!

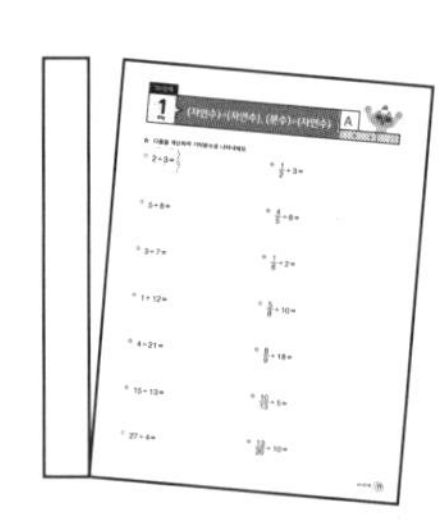

한 장과 한 권은 아이가 체감하는 부담이 달라요. 학습량에 대한 부담감이 줄어들면 아이의 공부 습관을 더 쉽게 만들 수 있어요.

2 반복 학습으로 '정확성'부터 '속도'까지 모두 잡아요.

피아노 연주를 배운다고 생각해 보세요. 처음부터 한 곡을 아름답게 연주할 수 있나요? 악보를 읽고, 건반을 하나하나 누르는 게 가능해도 각 음을 박자에 맞춰 정확하고 리듬감 있게 멜로디로 연주하려면 여러 번 반복해서 연습하는 과정이 꼭 필요합니다.

수학도 똑같아요. 개념을 알고 문제를 이해할 수 있어도 계산은 꼭 반복해서 훈련해야 합니다. 수나 식을 계산하는 데 시간이 걸리면 문제를 풀 시간이 모자라게 되고, 어려운 풀이 과정을 다 세워놓고도 마지막 단순 계산에서 실수를 하게 될 수도 있어요. 계산 방법을 몰라서 틀리는 게 아니라 절차 수행이 능숙하지 않아서 오작동을 일으키거나 시간이 오래 걸리는 거랍니다. 꾸준하게 같은 난이도의 문제를 충분히 반복하면 실수가 줄어들고, 점점 빠르게 계산할 수 있어요. 정확성과 속도를 높이는 데 중점을 두고 연산 훈련을 해서 수학의 기초를 튼튼하게 다지세요.

One Day 반복 설계

하루 1장, 2가지 유형
동일 난이도로 5일 반복

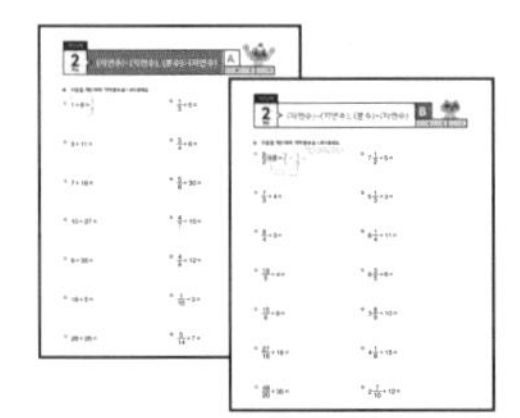

×5

3 반복은 아이 성향과 상황에 맞게 조절하세요.

연산 학습에 반복은 꼭 필요하지만, 아이가 지치고 수학을 싫어하게 만들 정도라면 반복하는 루틴을 조절해 보세요. 아이가 충분히 잘 알고 잘하는 주제라면 반복의 양을 줄일 수도 있고, 매일이 너무 바쁘다면 3일은 연산, 2일은 독해로 과목을 다르게 공부할 수도 있어요. 다만 남은 일차는 계산 실수가 잦을 때 다시 풀어보기로 아이와 약속해 두는 것이 좋아요.

아이의 성향과 현재 상황을 잘 살펴서 융통성 있게 반복하는 '내 아이 맞춤 패턴'을 만들어 보세요.

계산법 맞춤 패턴 만들기

1. 단계별로 3일치만 풀기

3일씩만 풀고, 남은 2일치는 시험 대비나 복습용으로 쓰세요.

2. 2단계씩 묶어서 반복하기

1, 2단계를 3일치씩 풀고 다시 1단계로 돌아가 남은 2일치를 풀어요. 교차학습은 지식을 좀더 오래 기억할 수 있도록 하죠.

4 응용 문제를 풀 때 필요한 연산까지 연습하세요.

연산 훈련을 충분히 하더라도 실제로 학교 시험에 나오는 문제를 보면 당황할 수 있어요. 아이들은 문제의 꼴이 조금만 달라져도 지레 겁을 냅니다.

특히 모르는 수를 □로 놓고 식을 세워야 하는 문장제가 학교 시험에 나오면 아이들은 당황하기 시작하죠. 아이 입장에서 기초 연산으로 해결할 수 없는 □ 자체가 낯설고 어떻게 풀어야 할지 고민될 수 있습니다.

이럴 때는 식 4+□=7을 7-4=□로 바꾸는 것에 익숙해지는 연습해 보세요. 학교에서 알려주지 않지만 응용 문제에는 꼭 필요한 □가 있는 식을 훈련하면 연산에서 응용까지 쉽게 연결할 수 있어요. 스스로 세수를 하고 싶지만 세면대가 너무 높은 아이를 위해 작은 계단을 놓아준다고 생각하세요.

초등 방정식 훈련

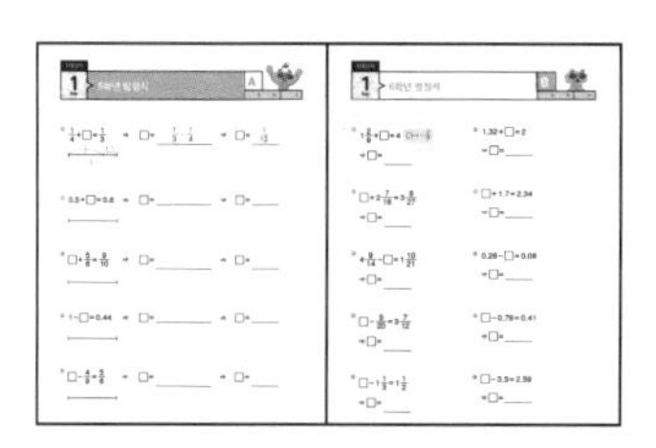

초등학생 눈높이에 맞는 □가 있는 식 바꾸기 훈련으로 한 권을 마무리하세요. 문장제처럼 다양한 연산 활용 문제를 푸는 밑바탕을 만들 수 있어요.

5 아이 스스로 계획하고, 실천해서 자기공부력을 쑥쑥 키워요.

백 명의 아이들은 제각기 백 가지 색깔을 지니고 있어요. 아이가 승부욕이 있다면 시간 재기를, 계획 세우는 것을 좋아한다면 스스로 약속을 할 수 있게 돕는 것도 좋아요. 아이와 많은 이야기를 나누면서 공부가 잘되는 시간, 환경, 동기 부여 방법 등을 살펴보고 주도적으로 실천할 수 있는 분위기를 만드는 것이 중요합니다.

아이 스스로 계획하고 실천하면 오늘 약속한 것을 모두 끝냈다는 작은 성취감을 가질 수 있어요. 자기 공부에 대한 책임감도 생깁니다. 자신만의 공부 스타일을 찾고, 주도적으로 실천해야 자기공부력을 키울 수 있어요.

나만의 학습 기록표

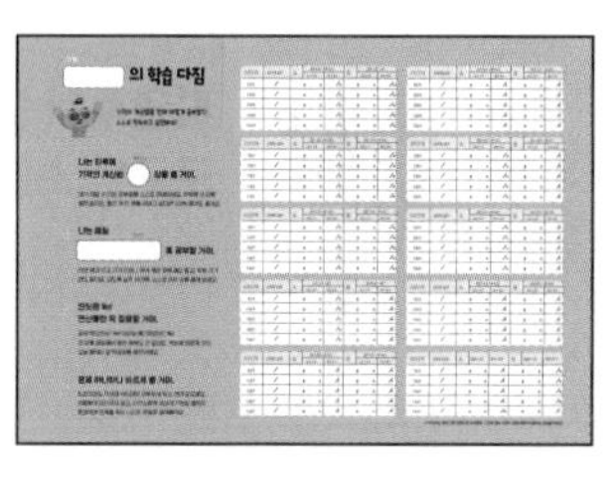

잘 보이는 곳에 붙여놓고 주도적으로 실천해요. 어제보다, 지난주보다, 지난달보다 나아진 실력을 보면서 뿌듯함을 느껴보세요!

권별 학습 구성

〈기적의 계산법〉은 유아 단계부터 초등 6학년까지로 구성된 연산 프로그램 교재입니다.
권별, 단계별 내용을 한눈에 확인하고,
유아부터 초등까지 〈기적의 계산법〉으로 공부하세요.

유아 5~7세

P1권	**10까지의 구조적 수 세기**	**P4권**	**100까지의 구조적 수 세기**
P2권	**5까지의 덧셈과 뺄셈**	**P5권**	**10의 덧셈과 뺄셈**
P3권	**10보다 작은 덧셈과 뺄셈**	**P6권**	**10보다 큰 덧셈과 뺄셈**

초1

1권 **자연수의 덧셈과 뺄셈 초급**

1단계	수를 가르고 모으기
2단계	합이 9까지인 덧셈
3단계	차가 9까지인 뺄셈
4단계	합과 차가 9까지인 덧셈과 뺄셈 종합
5단계	연이은 덧셈, 뺄셈
6단계	(몇십)+(몇), (몇)+(몇십)
7단계	(몇십몇)+(몇), (몇십몇)-(몇)
8단계	(몇십)+(몇십), (몇십)-(몇십)
9단계	(몇십몇)+(몇십몇), (몇십몇)-(몇십몇)
10단계	1학년 방정식

2권 **자연수의 덧셈과 뺄셈 중급**

11단계	10을 가르고 모으기, 10의 덧셈과 뺄셈
12단계	연이은 덧셈, 뺄셈
13단계	받아올림이 있는 (몇)+(몇)
14단계	받아내림이 있는 (십몇)-(몇)
15단계	받아올림/받아내림이 있는 덧셈과 뺄셈 종합
16단계	(두 자리 수)+(한 자리 수)
17단계	(두 자리 수)-(한 자리 수)
18단계	두 자리 수와 한 자리 수의 덧셈과 뺄셈 종합
19단계	덧셈과 뺄셈의 혼합 계산
20단계	1학년 방정식

초2

3권 **자연수의 덧셈과 뺄셈 중급**
구구단 초급

21단계	(두 자리 수)+(두 자리 수)
22단계	(두 자리 수)-(두 자리 수)
23단계	두 자리 수의 덧셈과 뺄셈 종합 ①
24단계	두 자리 수의 덧셈과 뺄셈 종합 ②
25단계	같은 수를 여러 번 더하기
26단계	구구단 2, 5, 3, 4단 ①
27단계	구구단 2, 5, 3, 4단 ②
28단계	구구단 6, 7, 8, 9단 ①
29단계	구구단 6, 7, 8, 9단 ②
30단계	2학년 방정식

4권 **구구단 중급**
자연수의 덧셈과 뺄셈 고급

31단계	구구단 종합 ①
32단계	구구단 종합 ②
33단계	(세 자리 수)+(세 자리 수) ①
34단계	(세 자리 수)+(세 자리 수) ②
35단계	(세 자리 수)-(세 자리 수) ①
36단계	(세 자리 수)-(세 자리 수) ②
37단계	(세 자리 수)-(세 자리 수) ③
38단계	세 자리 수의 덧셈과 뺄셈 종합 ①
39단계	세 자리 수의 덧셈과 뺄셈 종합 ②
40단계	2학년 방정식

초3

5권 자연수의 곱셈과 나눗셈 초급

41단계 (두 자리 수)×(한 자리 수) ①
42단계 (두 자리 수)×(한 자리 수) ②
43단계 (두 자리 수)×(한 자리 수) ③
44단계 (세 자리 수)×(한 자리 수) ①
45단계 (세 자리 수)×(한 자리 수) ②
46단계 곱셈 종합
47단계 나눗셈 기초
48단계 구구단 범위에서의 나눗셈 ①
49단계 구구단 범위에서의 나눗셈 ②
50단계 3학년 방정식

6권 자연수의 곱셈과 나눗셈 중급

51단계 (몇십)×(몇십), (몇십몇)×(몇십)
52단계 (두 자리 수)×(두 자리 수) ①
53단계 (두 자리 수)×(두 자리 수) ②
54단계 (몇십)÷(몇), (몇백몇십)÷(몇)
55단계 (두 자리 수)÷(한 자리 수) ①
56단계 (두 자리 수)÷(한 자리 수) ②
57단계 (두 자리 수)÷(한 자리 수) ③
58단계 (세 자리 수)÷(한 자리 수) ①
59단계 (세 자리 수)÷(한 자리 수) ②
60단계 3학년 방정식

초4

7권 자연수의 곱셈과 나눗셈 고급

61단계 몇십, 몇백 곱하기
62단계 (세 자리 수)×(몇십)
63단계 (세 자리 수)×(두 자리 수)
64단계 몇십으로 나누기
65단계 (세 자리 수)÷(몇십)
66단계 (두 자리 수)÷(두 자리 수)
67단계 (세 자리 수)÷(두 자리 수) ①
68단계 (세 자리 수)÷(두 자리 수) ②
69단계 곱셈과 나눗셈 종합
70단계 4학년 방정식

8권 분수, 소수의 덧셈과 뺄셈 중급

71단계 대분수를 가분수로, 가분수를 대분수로 나타내기
72단계 분모가 같은 진분수의 덧셈과 뺄셈
73단계 분모가 같은 대분수의 덧셈과 뺄셈
74단계 분모가 같은 분수의 덧셈
75단계 분모가 같은 분수의 뺄셈
76단계 분모가 같은 분수의 덧셈과 뺄셈 종합
77단계 자릿수가 같은 소수의 덧셈과 뺄셈
78단계 자릿수가 다른 소수의 덧셈
79단계 자릿수가 다른 소수의 뺄셈
80단계 4학년 방정식

초5

9권 분수의 덧셈과 뺄셈 고급

81단계 약수와 공약수, 배수와 공배수
82단계 최대공약수와 최소공배수
83단계 공약수와 최대공약수, 공배수와 최소공배수의 관계
84단계 약분
85단계 통분
86단계 분모가 다른 진분수의 덧셈과 뺄셈
87단계 분모가 다른 대분수의 덧셈과 뺄셈 ①
88단계 분모가 다른 대분수의 덧셈과 뺄셈 ②
89단계 분모가 다른 분수의 덧셈과 뺄셈 종합
90단계 5학년 방정식

10권 혼합 계산 / 분수, 소수의 곱셈 중급

91단계 덧셈과 뺄셈, 곱셈과 나눗셈의 혼합 계산
92단계 덧셈, 뺄셈, 곱셈의 혼합 계산
93단계 덧셈, 뺄셈, 나눗셈의 혼합 계산
94단계 덧셈, 뺄셈, 곱셈, 나눗셈의 혼합 계산
95단계 (분수)×(자연수), (자연수)×(분수)
96단계 (분수)×(분수) ①
97단계 (분수)×(분수) ②
98단계 (소수)×(자연수), (자연수)×(소수)
99단계 (소수)×(소수)
100단계 5학년 방정식

초6

11권 분수, 소수의 나눗셈 중급

101단계 (자연수)÷(자연수), (분수)÷(자연수)
102단계 분수의 나눗셈 ①
103단계 분수의 나눗셈 ②
104단계 분수의 나눗셈 ③
105단계 (소수)÷(자연수)
106단계 몫이 소수인 (자연수)÷(자연수)
107단계 소수의 나눗셈 ①
108단계 소수의 나눗셈 ②
109단계 소수의 나눗셈 ③
110단계 6학년 방정식

12권 비 / 중등방정식

111단계 비와 비율
112단계 백분율
113단계 비교하는 양, 기준량 구하기
114단계 가장 간단한 자연수의 비로 나타내기
115단계 비례식
116단계 비례배분
117단계 중학교 방정식 ①
118단계 중학교 방정식 ②
119단계 중학교 방정식 ③
120단계 중학교 혼합 계산

차례

(자연수)÷(자연수), (분수)÷(자연수)

▶ 학습계획 : 매일 공부할 날짜를 정하고, 계획에 맞게 공부하세요.

일차	1일차	2일차	3일차	4일차	5일차
날짜	/	/	/	/	/

▶ 학습연계 : 지금 무엇을 배우는지 확인하고, 이전에 배운 단계와 앞으로 배울 단계를 살펴보세요.

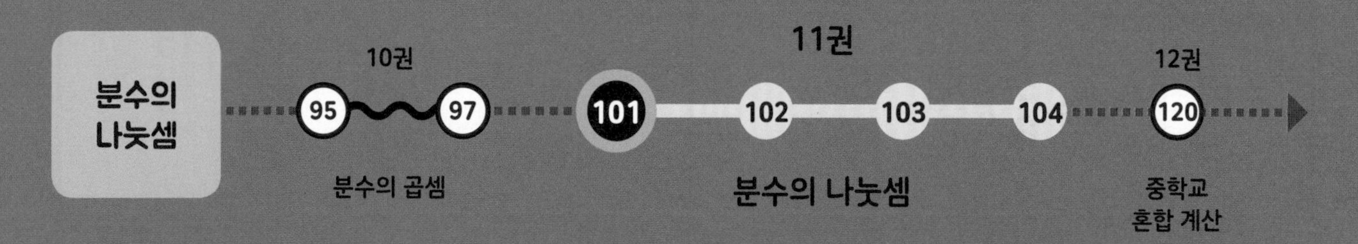

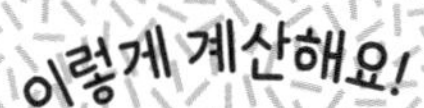

101 (자연수)÷(자연수), (분수)÷(자연수)

나눗셈은 곱셈으로 바꾸어 계산해요.

나누는 수인 자연수를 $\frac{1}{(\text{자연수})}$로 바꾼 다음 곱셈으로 계산해요.

(자연수)÷(자연수)

$4\div5$ ➡

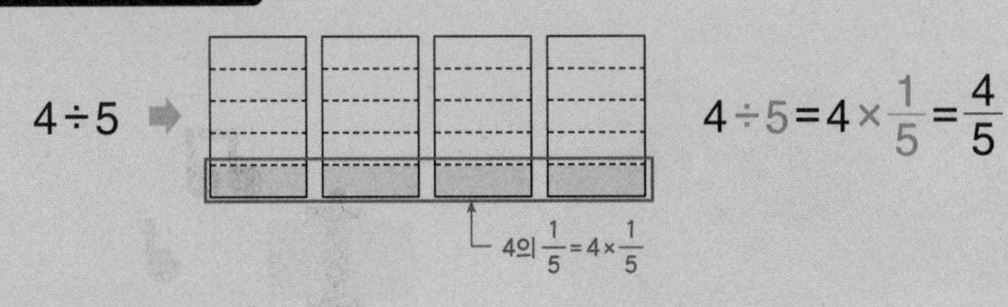

$4\div5=4\times\frac{1}{5}=\frac{4}{5}$

나누어지는 수는 분자로
$4\div5=\frac{4}{5}$
나누는 수는 분모로

(진분수)÷(자연수)

$\frac{2}{3}\div4$ ➡ ($\frac{2}{3}$의 $\frac{1}{4}=\frac{2}{3}\times\frac{1}{4}$)

$\frac{2}{3}\div4=\frac{\cancel{2}^{1}}{3}\times\frac{1}{\cancel{4}_{2}}=\frac{1}{6}$

나눗셈을 곱셈으로 바꾼 후 약분해요.

(대분수)÷(자연수)

$6\frac{3}{4}\div6$ ➡ $6\frac{3}{4}\div6=\frac{27}{4}\div6=\frac{\cancel{27}^{9}}{4}\times\frac{1}{\cancel{6}_{2}}=\frac{9}{8}=1\frac{1}{8}$

대분수를 가분수로! 가분수를 대분수로!

대분수는 가분수로 바꾼 후 계산해요.

A

(자연수)÷(자연수)

$9\div7=\frac{9}{7}=1\frac{2}{7}$

(진분수)÷(자연수)

$\frac{5}{8}\div3=\frac{5}{8}\times\frac{1}{3}=\frac{5}{24}$

B

(대분수)÷(자연수)

$3\frac{1}{5}\div12=\frac{16}{5}\div12$

$=\frac{\cancel{16}^{4}}{5}\times\frac{1}{\cancel{12}_{3}}=\frac{4}{15}$

101단계

(자연수)÷(자연수), (분수)÷(자연수)

A

월 일 /14

★ 다음을 계산하여 기약분수로 나타내세요.

① $2 \div 3 = \frac{2}{3}$

② $5 \div 8 =$

③ $3 \div 7 =$

④ $1 \div 12 =$

⑤ $4 \div 21 =$

⑥ $15 \div 13 =$

⑦ $27 \div 4 =$

⑧ $\frac{1}{2} \div 3 =$

⑨ $\frac{4}{5} \div 8 =$

⑩ $\frac{1}{6} \div 2 =$

⑪ $\frac{5}{8} \div 10 =$

⑫ $\frac{8}{9} \div 18 =$

⑬ $\frac{10}{13} \div 5 =$

⑭ $\frac{13}{20} \div 10 =$

(자연수)÷(자연수), (분수)÷(자연수)

B

월 일 /14

★ 다음을 계산하여 기약분수로 나타내세요.

① $\frac{20}{3} \div 5 = \frac{20}{3} \times \frac{1}{5} =$

계속 계산해서 답을 구하세요.

÷(자연수) ➡ × $\frac{1}{(자연수)}$

② $\frac{15}{4} \div 9 =$

③ $\frac{9}{5} \div 6 =$

④ $\frac{18}{7} \div 12 =$

⑤ $\frac{21}{10} \div 14 =$

⑥ $\frac{28}{15} \div 8 =$

⑦ $\frac{25}{16} \div 10 =$

⑧ $1\frac{1}{8} \div 2 =$

⑨ $2\frac{2}{3} \div 6 =$

⑩ $1\frac{1}{4} \div 4 =$

⑪ $7\frac{1}{5} \div 27 =$

⑫ $4\frac{1}{6} \div 5 =$

⑬ $2\frac{5}{8} \div 7 =$

⑭ $3\frac{9}{11} \div 9 =$

101단계

(자연수)÷(자연수), (분수)÷(자연수)

A

월 일 /14

★ 다음을 계산하여 기약분수로 나타내세요.

① $1 \div 6 = \frac{1}{6}$

② $3 \div 11 =$

③ $7 \div 18 =$

④ $10 \div 27 =$

⑤ $9 \div 35 =$

⑥ $18 \div 5 =$

⑦ $26 \div 25 =$

⑧ $\frac{1}{3} \div 5 =$

⑨ $\frac{3}{4} \div 6 =$

⑩ $\frac{5}{6} \div 30 =$

⑪ $\frac{4}{7} \div 10 =$

⑫ $\frac{4}{9} \div 12 =$

⑬ $\frac{1}{10} \div 3 =$

⑭ $\frac{5}{14} \div 7 =$

(자연수)÷(자연수), (분수)÷(자연수)

B

월 일 /14

★ 다음을 계산하여 기약분수로 나타내세요.

① $\frac{9}{2} \div 6 = \frac{9}{2} \times \frac{1}{6} =$

계속 계산해서 답을 구하세요.

$\div$(자연수) ➡ $\times \frac{1}{(자연수)}$

② $\frac{7}{3} \div 4 =$

③ $\frac{9}{4} \div 3 =$

④ $\frac{18}{5} \div 4 =$

⑤ $\frac{15}{8} \div 9 =$

⑥ $\frac{27}{16} \div 18 =$

⑦ $\frac{49}{20} \div 35 =$

⑧ $7\frac{1}{2} \div 5 =$

⑨ $5\frac{1}{3} \div 3 =$

⑩ $8\frac{1}{4} \div 11 =$

⑪ $6\frac{3}{5} \div 6 =$

⑫ $3\frac{8}{9} \div 10 =$

⑬ $4\frac{1}{6} \div 15 =$

⑭ $2\frac{7}{10} \div 12 =$

(자연수)÷(자연수), (분수)÷(자연수)

A

월 일 /14

★ 다음을 계산하여 기약분수로 나타내세요.

① $2 \div 21 = \frac{2}{21}$

② $5 \div 13 =$

③ $7 \div 27 =$

④ $16 \div 25 =$

⑤ $29 \div 45 =$

⑥ $21 \div 20 =$

⑦ $18 \div 7 =$

⑧ $\frac{3}{4} \div 7 =$

⑨ $\frac{1}{5} \div 3 =$

⑩ $\frac{4}{7} \div 16 =$

⑪ $\frac{5}{8} \div 15 =$

⑫ $\frac{8}{9} \div 4 =$

⑬ $\frac{1}{12} \div 10 =$

⑭ $\frac{9}{14} \div 6 =$

101단계

3 Day

(자연수)÷(자연수), (분수)÷(자연수)

B

월 일 /14

★ 다음을 계산하여 기약분수로 나타내세요.

① $\frac{15}{2} \div 10 = \frac{15}{2} \times \frac{1}{10} =$

계속 계산해서 답을 구하세요.

÷(자연수) ➡ ×$\frac{1}{(자연수)}$

② $\frac{16}{3} \div 6 =$

③ $\frac{7}{6} \div 21 =$

④ $\frac{17}{8} \div 2 =$

⑤ $\frac{39}{10} \div 26 =$

⑥ $\frac{36}{25} \div 15 =$

⑦ $\frac{64}{27} \div 40 =$

⑧ $1\frac{1}{2} \div 8 =$

⑨ $4\frac{2}{3} \div 7 =$

⑩ $4\frac{4}{9} \div 15 =$

⑪ $5\frac{1}{10} \div 12 =$

⑫ $3\frac{3}{11} \div 30 =$

⑬ $1\frac{11}{14} \div 5 =$

⑭ $1\frac{1}{17} \div 12 =$

(자연수)÷(자연수), (분수)÷(자연수)

A

월 일 /14

★ 다음을 계산하여 기약분수로 나타내세요.

① $2\div5=\frac{2}{5}$

② $5\div9=$

③ $16\div17=$

④ $18\div23=$

⑤ $23\div20=$

⑥ $22\div91=$

⑦ $32\div7=$

⑧ $\frac{1}{2}\div8=$

⑨ $\frac{1}{5}\div5=$

⑩ $\frac{3}{8}\div2=$

⑪ $\frac{2}{9}\div16=$

⑫ $\frac{7}{10}\div21=$

⑬ $\frac{14}{15}\div5=$

⑭ $\frac{9}{20}\div6=$

101단계

4 Day (자연수)÷(자연수), (분수)÷(자연수) B

월 일 /14

★ 다음을 계산하여 기약분수로 나타내세요.

① $\frac{8}{3} \div 12 = \frac{8}{3} \times \frac{1}{12} =$

계속 계산해서 답을 구하세요.

÷(자연수) ➡ $\times \frac{1}{(\text{자연수})}$

② $\frac{7}{4} \div 3 =$

③ $\frac{25}{6} \div 45 =$

④ $\frac{51}{7} \div 9 =$

⑤ $\frac{16}{11} \div 24 =$

⑥ $\frac{13}{12} \div 4 =$

⑦ $\frac{21}{16} \div 12 =$

⑧ $1\frac{1}{2} \div 6 =$

⑨ $1\frac{2}{7} \div 7 =$

⑩ $6\frac{3}{10} \div 3 =$

⑪ $2\frac{10}{13} \div 12 =$

⑫ $3\frac{11}{15} \div 21 =$

⑬ $2\frac{6}{17} \div 8 =$

⑭ $8\frac{9}{20} \div 13 =$

5 Day (자연수)÷(자연수), (분수)÷(자연수) A

월 일 /14

★ 다음을 계산하여 기약분수로 나타내세요.

① $5 \div 6 = \frac{5}{6}$

② $4 \div 11 =$

③ $8 \div 41 =$

④ $19 \div 24 =$

⑤ $17 \div 50 =$

⑥ $12 \div 5 =$

⑦ $35 \div 24 =$

⑧ $\frac{1}{4} \div 9 =$

⑨ $\frac{5}{6} \div 7 =$

⑩ $\frac{6}{7} \div 15 =$

⑪ $\frac{2}{9} \div 10 =$

⑫ $\frac{9}{10} \div 3 =$

⑬ $\frac{7}{20} \div 14 =$

⑭ $\frac{16}{25} \div 8 =$

5 Day (자연수)÷(자연수), (분수)÷(자연수) B

★ 다음을 계산하여 기약분수로 나타내세요.

① $\frac{49}{2} \div 21 = \frac{49}{2} \times \frac{1}{21} =$

계속 계산해서 답을 구하세요.

÷(자연수) ➡ $\times \frac{1}{(자연수)}$

② $\frac{26}{3} \div 16 =$

③ $\frac{17}{4} \div 6 =$

④ $\frac{16}{5} \div 40 =$

⑤ $\frac{27}{8} \div 3 =$

⑥ $\frac{55}{9} \div 25 =$

⑦ $\frac{24}{11} \div 16 =$

⑧ $6\frac{3}{4} \div 3 =$

⑨ $2\frac{2}{7} \div 4 =$

⑩ $5\frac{5}{9} \div 5 =$

⑪ $2\frac{8}{13} \div 2 =$

⑫ $5\frac{2}{15} \div 14 =$

⑬ $1\frac{2}{25} \div 36 =$

⑭ $2\frac{10}{27} \div 4 =$

분수의 나눗셈 ❶

▶ 학습계획 : 매일 공부할 날짜를 정하고, 계획에 맞게 공부하세요.

일차	1일차	2일차	3일차	4일차	5일차
날짜	/	/	/	/	/

▶ 학습연계 : 지금 무엇을 배우는지 확인하고, 이전에 배운 단계와 앞으로 배울 단계를 살펴보세요.

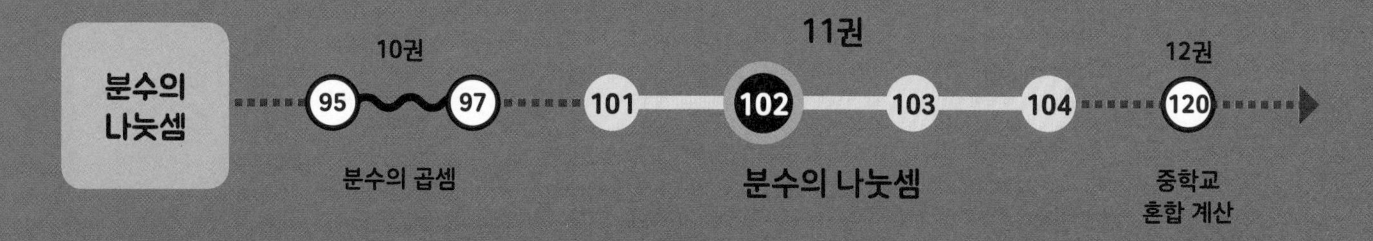

102 분수의 나눗셈 ①

분모가 같으면 분자끼리만 계산해요.

(자연수)÷(단위분수)

(자연수)÷(단위분수)는 자연수에서 단위분수를 몇 번 덜어 낼 수 있는지 구하는 계산입니다.

1에서 $\frac{1}{4}$을 4번 덜어 낼 수 있으므로 2에서는 $\frac{1}{4}$을 $2\times4=8$(번) 덜어 낼 수 있어요.

$\frac{1}{4}$	$\frac{1}{4}$	$\frac{1}{4}$	$\frac{1}{4}$	$\frac{1}{4}$	$\frac{1}{4}$	$\frac{1}{4}$	$\frac{1}{4}$

(1, 1)

➡ $2\div\frac{1}{4}=2\times4=8$ (2: 자연수, 4: 분모)

➡ (자연수)÷(단위분수)는 (자연수)×(단위분수의 분모)로 계산해요.

분모가 같은 (진분수)÷(진분수)

$\frac{6}{7}$에서 $\frac{3}{7}$을 2번 덜어 낼 수 있어요.

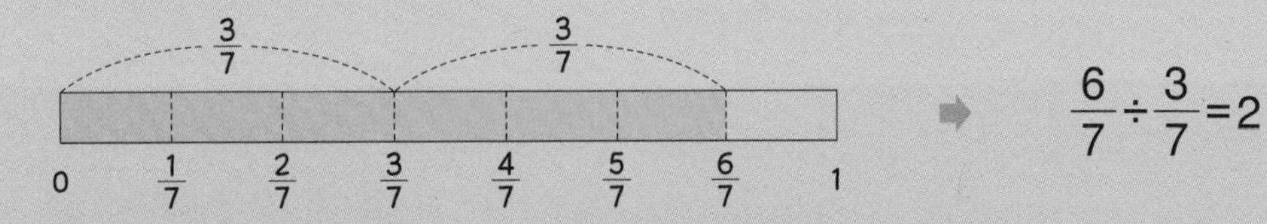

➡ $\frac{6}{7}\div\frac{3}{7}=2$

$\frac{6}{7}$은 $\frac{1}{7}$이 6개, $\frac{3}{7}$은 $\frac{1}{7}$이 3개이므로 6개를 3개씩 2번 덜어 내는 것과 같아요.

$\frac{1}{7}$	$\frac{1}{7}$	$\frac{1}{7}$	$\frac{1}{7}$	$\frac{1}{7}$	$\frac{1}{7}$

(3개, 3개 / 6개)

➡ $\frac{6}{7}\div\frac{3}{7}=6\div3=2$ (6: 분자, 3: 분자)

➡ 분모가 같은 (진분수)÷(진분수)는 분자끼리의 나눗셈, 즉 (자연수)÷(자연수)로 계산해요.

A (자연수)÷(단위분수)

$3\div\frac{1}{5}=3\times5=15$

나누기는 곱하기로!

B 분모가 같은 (진분수)÷(진분수)

$\frac{8}{9}\div\frac{5}{9}=8\div5=\frac{8}{5}=1\frac{3}{5}$

분수의 나눗셈 ①

A

월 일 /16

① $8 \div \frac{1}{2} = 8 \times 2 = 16$

② $7 \div \frac{1}{3} =$

③ $5 \div \frac{1}{5} =$

④ $3 \div \frac{1}{7} =$

⑤ $4 \div \frac{1}{8} =$

⑥ $6 \div \frac{1}{9} =$

⑦ $1 \div \frac{1}{10} =$

⑧ $9 \div \frac{1}{20} =$

⑨ $16 \div \frac{1}{4} =$

⑩ $10 \div \frac{1}{6} =$

⑪ $11 \div \frac{1}{3} =$

⑫ $12 \div \frac{1}{2} =$

⑬ $13 \div \frac{1}{5} =$

⑭ $14 \div \frac{1}{7} =$

⑮ $15 \div \frac{1}{9} =$

⑯ $20 \div \frac{1}{8} =$

102단계

분수의 나눗셈 ❶

★ 다음을 계산하여 기약분수로 나타내세요.

① $\frac{3}{4} \div \frac{1}{4} = 3 \div 1 = 3$

② $\frac{4}{5} \div \frac{2}{5} =$

③ $\frac{5}{6} \div \frac{1}{6} =$

④ $\frac{1}{7} \div \frac{6}{7} =$

⑤ $\frac{5}{8} \div \frac{3}{8} =$

⑥ $\frac{16}{19} \div \frac{2}{19} =$

⑦ $\frac{7}{12} \div \frac{5}{12} =$

⑧ $\frac{4}{15} \div \frac{8}{15} =$

⑨ $\frac{2}{3} \div \frac{1}{3} =$

⑩ $\frac{7}{10} \div \frac{3}{10} =$

⑪ $\frac{10}{11} \div \frac{8}{11} =$

⑫ $\frac{3}{13} \div \frac{9}{13} =$

⑬ $\frac{1}{14} \div \frac{5}{14} =$

⑭ $\frac{15}{16} \div \frac{3}{16} =$

⑮ $\frac{12}{17} \div \frac{6}{17} =$

⑯ $\frac{6}{23} \div \frac{9}{23} =$

2 Day 분수의 나눗셈 ❶

A

월 일 /16

① $1 \div \frac{1}{2} = 1 \times 2 = 2$

② $12 \div \frac{1}{3} =$

③ $8 \div \frac{1}{5} =$

④ $7 \div \frac{1}{6} =$

⑤ $2 \div \frac{1}{7} =$

⑥ $9 \div \frac{1}{9} =$

⑦ $3 \div \frac{1}{10} =$

⑧ $6 \div \frac{1}{15} =$

⑨ $4 \div \frac{1}{9} =$

⑩ $5 \div \frac{1}{4} =$

⑪ $10 \div \frac{1}{3} =$

⑫ $11 \div \frac{1}{12} =$

⑬ $12 \div \frac{1}{9} =$

⑭ $13 \div \frac{1}{4} =$

⑮ $14 \div \frac{1}{5} =$

⑯ $16 \div \frac{1}{2} =$

2 Day 분수의 나눗셈 ❶

B

월 일 /16

★ 다음을 계산하여 기약분수로 나타내세요.

① $\frac{2}{5} \div \frac{1}{5} = 2 \div 1 = 2$

② $\frac{1}{6} \div \frac{5}{6} =$

③ $\frac{3}{7} \div \frac{6}{7} =$

④ $\frac{2}{9} \div \frac{7}{9} =$

⑤ $\frac{4}{11} \div \frac{10}{11} =$

⑥ $\frac{3}{19} \div \frac{18}{19} =$

⑦ $\frac{17}{21} \div \frac{10}{21} =$

⑧ $\frac{27}{50} \div \frac{9}{50} =$

⑨ $\frac{4}{9} \div \frac{2}{9} =$

⑩ $\frac{3}{5} \div \frac{2}{5} =$

⑪ $\frac{7}{15} \div \frac{2}{15} =$

⑫ $\frac{3}{10} \div \frac{9}{10} =$

⑬ $\frac{5}{12} \div \frac{11}{12} =$

⑭ $\frac{15}{17} \div \frac{6}{17} =$

⑮ $\frac{18}{23} \div \frac{9}{23} =$

⑯ $\frac{22}{31} \div \frac{14}{31} =$

3 Day 분수의 나눗셈 ①

A

월 일 /16

① $5 \div \frac{1}{3} = 5 \times 3 = 15$

② $9 \div \frac{1}{4} =$

③ $9 \div \frac{1}{6} =$

④ $5 \div \frac{1}{9} =$

⑤ $2 \div \frac{1}{5} =$

⑥ $4 \div \frac{1}{10} =$

⑦ $4 \div \frac{1}{7} =$

⑧ $7 \div \frac{1}{12} =$

⑨ $1 \div \frac{1}{7} =$

⑩ $6 \div \frac{1}{2} =$

⑪ $12 \div \frac{1}{8} =$

⑫ $11 \div \frac{1}{9} =$

⑬ $15 \div \frac{1}{11} =$

⑭ $16 \div \frac{1}{6} =$

⑮ $20 \div \frac{1}{12} =$

⑯ $24 \div \frac{1}{5} =$

102단계

3 Day 분수의 나눗셈 ❶

B

월 일 /16

★ 다음을 계산하여 기약분수로 나타내세요.

① $\frac{1}{2} \div \frac{1}{2} = 1 \div 1 = 1$

② $\frac{1}{5} \div \frac{4}{5} =$

③ $\frac{6}{7} \div \frac{2}{7} =$

④ $\frac{5}{9} \div \frac{8}{9} =$

⑤ $\frac{9}{14} \div \frac{5}{14} =$

⑥ $\frac{1}{18} \div \frac{13}{18} =$

⑦ $\frac{11}{23} \div \frac{22}{23} =$

⑧ $\frac{14}{45} \div \frac{32}{45} =$

⑨ $\frac{1}{3} \div \frac{2}{3} =$

⑩ $\frac{7}{10} \div \frac{1}{10} =$

⑪ $\frac{3}{8} \div \frac{7}{8} =$

⑫ $\frac{10}{11} \div \frac{6}{11} =$

⑬ $\frac{2}{13} \div \frac{12}{13} =$

⑭ $\frac{14}{15} \div \frac{8}{15} =$

⑮ $\frac{4}{21} \div \frac{16}{21} =$

⑯ $\frac{28}{37} \div \frac{24}{37} =$

4 Day 분수의 나눗셈 ❶

A

월 일 /16

① $2\div\frac{1}{2}=2\times2=4$

② $8\div\frac{1}{3}=$

③ $1\div\frac{1}{4}=$

④ $9\div\frac{1}{5}=$

⑤ $5\div\frac{1}{6}=$

⑥ $7\div\frac{1}{7}=$

⑦ $5\div\frac{1}{8}=$

⑧ $3\div\frac{1}{9}=$

⑨ $10\div\frac{1}{8}=$

⑩ $33\div\frac{1}{3}=$

⑪ $13\div\frac{1}{7}=$

⑫ $14\div\frac{1}{3}=$

⑬ $15\div\frac{1}{10}=$

⑭ $17\div\frac{1}{4}=$

⑮ $18\div\frac{1}{15}=$

⑯ $20\div\frac{1}{6}=$

4 Day 분수의 나눗셈 ❶

B

월 일 /16

★ 다음을 계산하여 기약분수로 나타내세요.

① $\frac{1}{4} \div \frac{3}{4} = 1 \div 3 = \frac{1}{3}$

② $\frac{7}{8} \div \frac{3}{8} =$

③ $\frac{3}{14} \div \frac{9}{14} =$

④ $\frac{5}{18} \div \frac{11}{18} =$

⑤ $\frac{15}{16} \div \frac{5}{16} =$

⑥ $\frac{2}{17} \div \frac{16}{17} =$

⑦ $\frac{7}{20} \div \frac{17}{20} =$

⑧ $\frac{23}{24} \div \frac{5}{24} =$

⑨ $\frac{1}{5} \div \frac{2}{5} =$

⑩ $\frac{2}{7} \div \frac{5}{7} =$

⑪ $\frac{4}{9} \div \frac{8}{9} =$

⑫ $\frac{7}{11} \div \frac{2}{11} =$

⑬ $\frac{6}{13} \div \frac{10}{13} =$

⑭ $\frac{8}{15} \div \frac{13}{15} =$

⑮ $\frac{14}{23} \div \frac{4}{23} =$

⑯ $\frac{36}{41} \div \frac{32}{41} =$

102단계

분수의 나눗셈 ❶

A

월 일 /16

① $6 \div \frac{1}{3} = 6 \times 3 = 18$

② $8 \div \frac{1}{4} =$

③ $2 \div \frac{1}{6} =$

④ $9 \div \frac{1}{7} =$

⑤ $6 \div \frac{1}{6} =$

⑥ $9 \div \frac{1}{11} =$

⑦ $3 \div \frac{1}{15} =$

⑧ $10 \div \frac{1}{30} =$

⑨ $4 \div \frac{1}{2} =$

⑩ $10 \div \frac{1}{4} =$

⑪ $7 \div \frac{1}{10} =$

⑫ $11 \div \frac{1}{5} =$

⑬ $12 \div \frac{1}{12} =$

⑭ $13 \div \frac{1}{9} =$

⑮ $11 \div \frac{1}{4} =$

⑯ $15 \div \frac{1}{7} =$

5 Day 분수의 나눗셈 ❶

B

월 일 /16

★ 다음을 계산하여 기약분수로 나타내세요.

① $\frac{1}{4} \div \frac{2}{4} = 1 \div 2 = \frac{1}{2}$

② $\frac{2}{5} \div \frac{3}{5} =$

③ $\frac{4}{7} \div \frac{2}{7} =$

④ $\frac{2}{9} \div \frac{8}{9} =$

⑤ $\frac{10}{11} \div \frac{7}{11} =$

⑥ $\frac{12}{13} \div \frac{3}{13} =$

⑦ $\frac{7}{25} \div \frac{14}{25} =$

⑧ $\frac{21}{32} \div \frac{9}{32} =$

⑨ $\frac{5}{14} \div \frac{3}{14} =$

⑩ $\frac{7}{15} \div \frac{4}{15} =$

⑪ $\frac{9}{10} \div \frac{3}{10} =$

⑫ $\frac{5}{12} \div \frac{7}{12} =$

⑬ $\frac{14}{19} \div \frac{6}{19} =$

⑭ $\frac{8}{17} \div \frac{12}{17} =$

⑮ $\frac{18}{25} \div \frac{16}{25} =$

⑯ $\frac{25}{38} \div \frac{15}{38} =$

분수의 나눗셈 ❷

▶ 학습계획 : 매일 공부할 날짜를 정하고, 계획에 맞게 공부하세요.

일차	1일차	2일차	3일차	4일차	5일차
날짜	/	/	/	/	/

▶ 학습연계 : 지금 무엇을 배우는지 확인하고, 이전에 배운 단계와 앞으로 배울 단계를 살펴보세요.

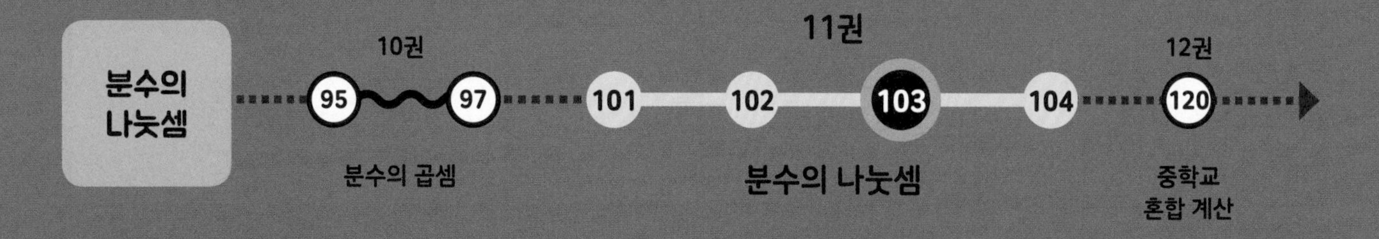

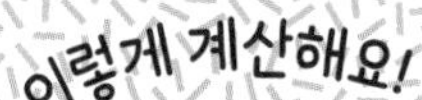

103 분수의 나눗셈 ②

분모가 다르면 나누는 수의 분모와 분자를 바꾸어 곱해요.

분모가 다른 진분수의 나눗셈

분모가 다른 진분수의 나눗셈은 102단계처럼 분모를 같게 만들어(통분) 계산할 수 있어요.

$$\frac{1}{6}\div\frac{2}{7}=\frac{1\times7}{6\times7}\div\frac{2\times6}{7\times6}=(1\times7)\div(2\times6)=\frac{1\times7}{2\times6}=\frac{7}{12}$$

이때 계산 과정에서 $\frac{1\times7}{2\times6}$ 부분을 두 분수의 곱셈인 $\frac{1}{6}\times\frac{7}{2}$ 로 나타낼 수 있습니다.

즉, $\frac{1}{6}\div\frac{2}{7}=\frac{1}{6}\times\frac{7}{2}$로 나누는 수의 분모와 분자를 바꾸어 곱하면 통분하지 않아도 계산할 수 있어요.

분모가 다른 대분수의 나눗셈

분모가 다른 분수의 나눗셈에서 대분수가 있다면 먼저 가분수로 나타내요.
대분수를 가분수로 나타낸 다음, 나누는 수의 분모와 분자를 바꾸어 곱셈으로 고쳐서 계산하면 돼요.

$$3\frac{1}{2}\div\frac{3}{4}=\frac{7}{2}\div\frac{3}{4}=\frac{7}{\cancel{2}_1}\times\frac{\cancel{4}^2}{3}=\frac{14}{3}=4\frac{2}{3}$$

대분수를 가분수로!

반드시 곱셈으로 고친 다음 약분해요.

A 분모가 다른 (진분수)÷(진분수)

$$\frac{5}{7}\div\frac{2}{3}=\frac{5}{7}\times\frac{3}{2}$$
$$=\frac{15}{14}=1\frac{1}{14}$$

B 분모가 다른 (대분수)÷(대분수)

$$7\frac{1}{3}\div2\frac{5}{6}=\frac{22}{3}\div\frac{17}{6}$$
$$=\frac{22}{\cancel{3}_1}\times\frac{\cancel{6}^2}{17}$$
$$=\frac{44}{17}=2\frac{10}{17}$$

분수의 나눗셈 ❷

A

월 일 /16

① $\frac{1}{2} \div \frac{4}{9} = \frac{1}{2} \times \frac{9}{4} = \frac{9}{8} = 1\frac{1}{8}$

분모와 분자를 바꾸어 곱해요.

② $\frac{2}{3} \div \frac{2}{5} =$

③ $\frac{3}{4} \div \frac{1}{2} =$

④ $\frac{4}{5} \div \frac{5}{8} =$

⑤ $\frac{5}{6} \div \frac{10}{11} =$

⑥ $\frac{2}{7} \div \frac{1}{5} =$

⑦ $\frac{3}{8} \div \frac{6}{13} =$

⑧ $\frac{2}{9} \div \frac{8}{15} =$

⑨ $\frac{9}{10} \div \frac{3}{5} =$

⑩ $\frac{7}{12} \div \frac{4}{7} =$

⑪ $\frac{1}{14} \div \frac{1}{7} =$

⑫ $\frac{4}{15} \div \frac{10}{21} =$

⑬ $\frac{5}{18} \div \frac{5}{27} =$

⑭ $\frac{11}{20} \div \frac{7}{10} =$

⑮ $\frac{16}{25} \div \frac{12}{35} =$

⑯ $\frac{49}{72} \div \frac{21}{32} =$

1 Day 분수의 나눗셈 ❷

B

월 일 /16

① $1\frac{2}{3} \div \frac{2}{5} = \frac{5}{3} \times \frac{5}{2} = \frac{25}{6} = 4\frac{1}{6}$

대분수를 가분수로 나타내요.

② $4\frac{2}{5} \div \frac{11}{15} =$

③ $2\frac{3}{7} \div \frac{5}{8} =$

④ $1\frac{5}{9} \div \frac{7}{10} =$

⑤ $\frac{1}{2} \div 1\frac{1}{7} =$

⑥ $\frac{1}{4} \div 2\frac{1}{3} =$

⑦ $\frac{3}{8} \div 2\frac{2}{5} =$

⑧ $\frac{7}{10} \div 1\frac{5}{6} =$

⑨ $7\frac{2}{3} \div 2\frac{5}{6} =$

⑩ $3\frac{3}{4} \div 2\frac{6}{7} =$

⑪ $4\frac{1}{6} \div 1\frac{1}{9} =$

⑫ $1\frac{1}{8} \div 2\frac{1}{10} =$

⑬ $2\frac{5}{9} \div 1\frac{2}{21} =$

⑭ $2\frac{1}{12} \div 2\frac{1}{2} =$

⑮ $3\frac{4}{15} \div 1\frac{3}{4} =$

⑯ $1\frac{13}{18} \div 3\frac{2}{3} =$

분수의 나눗셈 ❷

A

월 일 /16

① $\frac{1}{2} \div \frac{3}{5} = \frac{1}{2} \times \frac{5}{3} = \frac{5}{6}$

분모와 분자를 바꾸어 곱해요.

② $\frac{1}{4} \div \frac{2}{3} =$

③ $\frac{3}{5} \div \frac{3}{7} =$

④ $\frac{1}{6} \div \frac{3}{4} =$

⑤ $\frac{4}{7} \div \frac{8}{9} =$

⑥ $\frac{5}{8} \div \frac{15}{16} =$

⑦ $\frac{7}{9} \div \frac{1}{12} =$

⑧ $\frac{9}{10} \div \frac{6}{25} =$

⑨ $\frac{9}{11} \div \frac{18}{19} =$

⑩ $\frac{1}{12} \div \frac{4}{9} =$

⑪ $\frac{13}{15} \div \frac{3}{5} =$

⑫ $\frac{9}{16} \div \frac{12}{13} =$

⑬ $\frac{7}{20} \div \frac{14}{15} =$

⑭ $\frac{16}{21} \div \frac{4}{7} =$

⑮ $\frac{11}{24} \div \frac{11}{16} =$

⑯ $\frac{27}{40} \div \frac{3}{20} =$

2 Day

분수의 나눗셈 ❷

B

월 일 /16

① $3\frac{1}{2} \div \frac{1}{4} = \frac{7}{2} \times \frac{4}{1} = 14$

대분수를 가분수로 나타내요.

② $3\frac{3}{5} \div \frac{3}{10} =$

③ $4\frac{3}{8} \div \frac{15}{16} =$

④ $4\frac{4}{9} \div \frac{20}{27} =$

⑤ $\frac{1}{4} \div 1\frac{1}{8} =$

⑥ $\frac{5}{6} \div 6\frac{2}{3} =$

⑦ $\frac{2}{7} \div 2\frac{2}{9} =$

⑧ $\frac{7}{15} \div 1\frac{8}{25} =$

⑨ $5\frac{1}{3} \div 1\frac{1}{9} =$

⑩ $1\frac{1}{4} \div 1\frac{7}{8} =$

⑪ $3\frac{3}{7} \div 3\frac{1}{3} =$

⑫ $2\frac{7}{10} \div 1\frac{5}{13} =$

⑬ $2\frac{1}{12} \div 1\frac{7}{18} =$

⑭ $1\frac{1}{14} \div 1\frac{3}{7} =$

⑮ $2\frac{9}{20} \div 1\frac{11}{45} =$

⑯ $1\frac{11}{24} \div 2\frac{1}{2} =$

103단계

3 Day 분수의 나눗셈 ❷

A

월 일 /16

① $\frac{1}{2} \div \frac{7}{8} = \frac{1}{2} \times \frac{8}{7} = \frac{4}{7}$

분모와 분자를 바꾸어 곱해요.

② $\frac{1}{3} \div \frac{1}{18} =$

③ $\frac{1}{4} \div \frac{1}{5} =$

④ $\frac{2}{5} \div \frac{4}{9} =$

⑤ $\frac{1}{6} \div \frac{3}{16} =$

⑥ $\frac{6}{7} \div \frac{7}{12} =$

⑦ $\frac{3}{8} \div \frac{15}{32} =$

⑧ $\frac{8}{9} \div \frac{3}{4} =$

⑨ $\frac{3}{10} \div \frac{15}{32} =$

⑩ $\frac{11}{15} \div \frac{11}{12} =$

⑪ $\frac{1}{16} \div \frac{1}{2} =$

⑫ $\frac{19}{22} \div \frac{2}{11} =$

⑬ $\frac{9}{25} \div \frac{4}{15} =$

⑭ $\frac{15}{28} \div \frac{10}{21} =$

⑮ $\frac{7}{30} \div \frac{1}{5} =$

⑯ $\frac{32}{45} \div \frac{8}{15} =$

분수의 나눗셈 ❷

① $2\frac{1}{4} \div \frac{3}{10} = \frac{9}{4} \times \frac{10}{3} = \frac{15}{2} = 7\frac{1}{2}$

대분수를 가분수로 나타내요.

② $1\frac{5}{6} \div \frac{1}{9} =$

③ $1\frac{7}{15} \div \frac{11}{12} =$

④ $1\frac{1}{4} \div \frac{1}{3} =$

⑤ $\frac{4}{5} \div 1\frac{5}{7} =$

⑥ $\frac{3}{7} \div 2\frac{1}{4} =$

⑦ $\frac{5}{9} \div 4\frac{3}{8} =$

⑧ $\frac{7}{12} \div 2\frac{1}{10} =$

⑨ $7\frac{1}{2} \div 6\frac{2}{3} =$

⑩ $2\frac{1}{5} \div 8\frac{1}{4} =$

⑪ $5\frac{1}{7} \div 1\frac{1}{11} =$

⑫ $1\frac{1}{9} \div 4\frac{1}{6} =$

⑬ $5\frac{1}{10} \div 5\frac{2}{5} =$

⑭ $2\frac{5}{14} \div 5\frac{1}{2} =$

⑮ $1\frac{1}{20} \div 1\frac{2}{5} =$

⑯ $1\frac{23}{40} \div 1\frac{17}{25} =$

분수의 나눗셈 ❷

A

월 일 /16

① $\frac{1}{2} \div \frac{1}{4} = \frac{1}{\cancel{2}_1} \times \frac{\cancel{4}^2}{1} = 2$

분모와 분자를 바꾸어 곱해요.

② $\frac{1}{3} \div \frac{1}{7} =$

③ $\frac{1}{5} \div \frac{9}{20} =$

④ $\frac{5}{6} \div \frac{2}{3} =$

⑤ $\frac{5}{7} \div \frac{20}{21} =$

⑥ $\frac{7}{8} \div \frac{4}{9} =$

⑦ $\frac{8}{9} \div \frac{4}{15} =$

⑧ $\frac{7}{10} \div \frac{14}{25} =$

⑨ $\frac{4}{13} \div \frac{4}{11} =$

⑩ $\frac{14}{15} \div \frac{7}{9} =$

⑪ $\frac{8}{19} \div \frac{1}{5} =$

⑫ $\frac{7}{20} \div \frac{28}{45} =$

⑬ $\frac{5}{24} \div \frac{5}{6} =$

⑭ $\frac{25}{26} \div \frac{10}{13} =$

⑮ $\frac{32}{35} \div \frac{18}{49} =$

⑯ $\frac{25}{48} \div \frac{5}{12} =$

4 Day 분수의 나눗셈 ❷

B

월 일 /16

① $1\frac{1}{3} \div \frac{6}{7} = \frac{\overset{2}{\cancel{4}}}{3} \times \frac{7}{\underset{3}{\cancel{6}}} = \frac{14}{9} = 1\frac{5}{9}$

대분수를 가분수로 나타내요.

② $1\frac{3}{4} \div \frac{1}{12} =$

③ $5\frac{5}{6} \div \frac{7}{10} =$

④ $1\frac{16}{33} \div \frac{14}{15} =$

⑤ $\frac{1}{2} \div 1\frac{3}{4} =$

⑥ $\frac{3}{5} \div 3\frac{3}{10} =$

⑦ $\frac{6}{7} \div 1\frac{11}{21} =$

⑧ $\frac{5}{12} \div 1\frac{17}{28} =$

⑨ $3\frac{1}{4} \div 1\frac{1}{2} =$

⑩ $4\frac{4}{5} \div 2\frac{2}{15} =$

⑪ $1\frac{5}{7} \div 2\frac{2}{3} =$

⑫ $3\frac{3}{8} \div 3\frac{3}{5} =$

⑬ $6\frac{3}{10} \div 3\frac{4}{15} =$

⑭ $1\frac{5}{16} \div 2\frac{1}{4} =$

⑮ $1\frac{13}{17} \div 1\frac{7}{13} =$

⑯ $1\frac{7}{18} \div 1\frac{1}{9} =$

5 Day 분수의 나눗셈 ❷

A

월 일 /16

① $\frac{1}{2} \div \frac{1}{6} = \frac{1}{2} \times \frac{6}{1} = 3$

분모와 분자를 바꾸어 곱해요.

② $\frac{1}{3} \div \frac{7}{12} =$

③ $\frac{3}{4} \div \frac{5}{6} =$

④ $\frac{3}{5} \div \frac{6}{25} =$

⑤ $\frac{5}{6} \div \frac{6}{13} =$

⑥ $\frac{4}{7} \div \frac{2}{3} =$

⑦ $\frac{7}{8} \div \frac{1}{2} =$

⑧ $\frac{7}{9} \div \frac{3}{5} =$

⑨ $\frac{3}{10} \div \frac{9}{32} =$

⑩ $\frac{1}{12} \div \frac{5}{6} =$

⑪ $\frac{11}{18} \div \frac{11}{12} =$

⑫ $\frac{9}{20} \div \frac{27}{35} =$

⑬ $\frac{5}{24} \div \frac{1}{8} =$

⑭ $\frac{1}{28} \div \frac{1}{4} =$

⑮ $\frac{27}{32} \div \frac{9}{16} =$

⑯ $\frac{49}{50} \div \frac{7}{10} =$

5 Day 분수의 나눗셈 ❷

B

월 일 /16

① $10\frac{1}{2} \div \frac{7}{9} = \frac{21}{2} \times \frac{9}{7} = \frac{27}{2} = 13\frac{1}{2}$

대분수를 가분수로 나타내요.

② $2\frac{3}{4} \div \frac{1}{2} =$

③ $3\frac{4}{7} \div \frac{5}{14} =$

④ $1\frac{1}{27} \div \frac{2}{3} =$

⑤ $\frac{1}{3} \div 1\frac{5}{6} =$

⑥ $\frac{4}{5} \div 1\frac{1}{10} =$

⑦ $\frac{7}{9} \div 9\frac{1}{3} =$

⑧ $\frac{1}{12} \div 1\frac{5}{18} =$

⑨ $1\frac{1}{3} \div 1\frac{1}{4} =$

⑩ $1\frac{3}{5} \div 1\frac{7}{25} =$

⑪ $3\frac{5}{6} \div 3\frac{2}{7} =$

⑫ $3\frac{3}{8} \div 4\frac{1}{2} =$

⑬ $1\frac{1}{11} \div 1\frac{1}{5} =$

⑭ $1\frac{11}{16} \div 1\frac{7}{8} =$

⑮ $1\frac{7}{20} \div 3\frac{3}{5} =$

⑯ $7\frac{7}{10} \div 8\frac{1}{4} =$

분수의 나눗셈 ③

▶ 학습계획 : 매일 공부할 날짜를 정하고, 계획에 맞게 공부하세요.

일차	1일차	2일차	3일차	4일차	5일차
날짜	/	/	/	/	/

▶ 학습연계 : 지금 무엇을 배우는지 확인하고, 이전에 배운 단계와 앞으로 배울 단계를 살펴보세요.

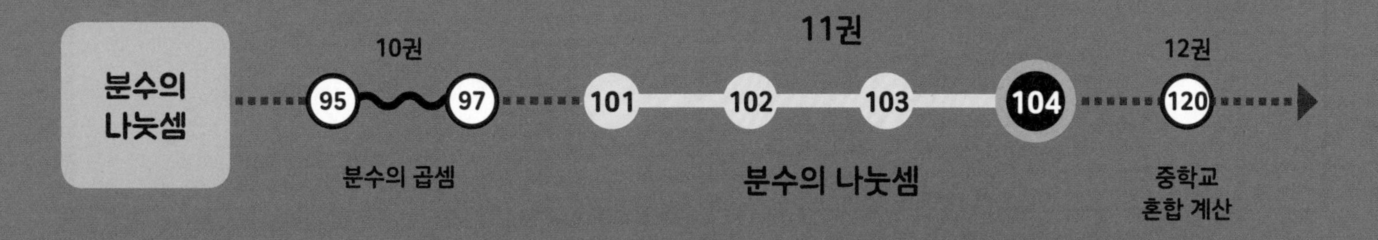

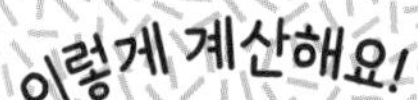

104 분수의 나눗셈 ③

(자연수)÷(분수)도 나누는 수의 분모와 분자를 바꾸어 곱해요.

분모가 다른 분수의 나눗셈처럼 (자연수)÷(분수)도 통분해서 계산할 수 있어요.

$$7\div\frac{5}{8}=\frac{7\times8}{8}\div\frac{5}{8}=(7\times8)\div5=\frac{7\times8}{5}=\frac{56}{5}=11\frac{1}{5}$$

이때 $\frac{7\times8}{5}$ 을 $7\times\frac{8}{5}$ 로 바꾸면 $7\div\frac{5}{8}=7\times\frac{8}{5}$이 됩니다.

따라서 (자연수)÷(분수)도 나누는 수의 분모와 분자를 바꾸어 곱해요.

분수의 곱셈과 나눗셈이 섞여 있으면 모두 곱셈으로 바꿔요.

분수의 계산에서 곱셈, 나눗셈이 섞여 있을 때에는 모두 곱셈으로 바꾸고
한꺼번에 약분하여 계산할 수 있어요.

$$1\frac{1}{3}\div1\frac{3}{7}\div\frac{7}{9}=\frac{4}{3}\div\frac{10}{7}\div\frac{7}{9}=\frac{\overset{2}{\cancel{4}}}{\underset{1}{\cancel{3}}}\times\frac{\overset{1}{\cancel{7}}}{\underset{5}{\cancel{10}}}\times\frac{\overset{3}{\cancel{9}}}{\underset{1}{\cancel{7}}}=\frac{6}{5}=1\frac{1}{5}$$

대분수를 가분수로!

나눗셈을 곱셈으로!

결과는 대분수, 기약분수로!

A (자연수)÷(분수)

$$9\div\frac{6}{7}=\overset{3}{\cancel{9}}\times\frac{7}{\underset{2}{\cancel{6}}}$$

$$=\frac{21}{2}=10\frac{1}{2}$$

B 분수의 혼합 계산

$$\frac{2}{3}\times4\frac{1}{2}\div\frac{2}{7}=\frac{\overset{1}{\cancel{2}}}{\underset{1}{\cancel{3}}}\times\frac{\overset{3}{\cancel{9}}}{\underset{1}{\cancel{2}}}\times\frac{7}{2}$$

$$=\frac{21}{2}=10\frac{1}{2}$$

분수의 나눗셈 ③

A

월 일 /16

① $2 \div \frac{3}{4} = 2 \times \frac{4}{3} = \frac{8}{3} = 2\frac{2}{3}$

분모와 분자를 바꾸어 곱해요.

② $14 \div \frac{4}{5} =$

③ $5 \div \frac{5}{6} =$

④ $12 \div \frac{3}{8} =$

⑤ $3 \div \frac{5}{9} =$

⑥ $10 \div \frac{4}{11} =$

⑦ $6 \div \frac{15}{16} =$

⑧ $4 \div \frac{12}{17} =$

⑨ $5 \div 1\frac{2}{3} =$

⑩ $7 \div 5\frac{5}{6} =$

⑪ $8 \div 2\frac{2}{7} =$

⑫ $9 \div 2\frac{1}{10} =$

⑬ $14 \div 8\frac{2}{5} =$

⑭ $18 \div 3\frac{3}{4} =$

⑮ $15 \div 1\frac{1}{8} =$

⑯ $12 \div 2\frac{4}{13} =$

분수의 나눗셈 ③

계속 계산해서 답을 구하세요.

① $\frac{2}{3} \div 4 \div \frac{1}{6} = \frac{2}{3} \times \frac{1}{4} \times \frac{6}{1} =$

모두 곱셈으로 고치고, 약분이 되면 약분하세요.

⑤ $\frac{1}{2} \times \frac{1}{4} \div \frac{1}{10} =$

② $\frac{8}{15} \div \frac{1}{7} \div 2\frac{4}{5} =$

⑥ $2\frac{1}{7} \times \frac{3}{10} \div 1\frac{1}{5} =$

③ $1\frac{1}{8} \div \frac{3}{4} \div \frac{2}{5} =$

⑦ $\frac{3}{4} \div \frac{6}{7} \times \frac{2}{9} =$

④ $3 \div 1\frac{7}{8} \div 1\frac{1}{9} =$

⑧ $1\frac{2}{3} \div 1\frac{1}{9} \times 6 =$

104단계

2 Day

분수의 나눗셈 ③

A

월 일 /16

① $8 \div \frac{2}{3} = \overset{4}{\cancel{8}} \times \frac{3}{\underset{1}{\cancel{2}}} = 12$

분모와 분자를 바꾸어 곱해요.

② $24 \div \frac{3}{4} =$

③ $6 \div \frac{4}{5} =$

④ $15 \div \frac{5}{7} =$

⑤ $4 \div \frac{8}{9} =$

⑥ $3 \div \frac{9}{11} =$

⑦ $7 \div \frac{7}{13} =$

⑧ $10 \div \frac{25}{28} =$

⑨ $2 \div 1\frac{3}{5} =$

⑩ $12 \div 2\frac{7}{10} =$

⑪ $9 \div 4\frac{7}{8} =$

⑫ $25 \div 2\frac{11}{12} =$

⑬ $28 \div 5\frac{1}{4} =$

⑭ $20 \div 3\frac{3}{7} =$

⑮ $14 \div 1\frac{5}{9} =$

⑯ $18 \div 2\frac{13}{16} =$

104단계

2 Day

분수의 나눗셈 ❸

B

월 일 /8

① 대분수를 가분수로!

$3 \div \frac{1}{6} \div 1\frac{2}{7} = 3 \div \frac{1}{6} \div \frac{9}{7}$

$=$

계속 계산해서 답을 구하세요.

⑤ $\frac{1}{5} \times \frac{1}{3} \div \frac{1}{9} =$

② $\frac{4}{5} \div 1\frac{2}{3} \div \frac{8}{15} =$

⑥ $2\frac{1}{2} \times \frac{2}{5} \div 7 =$

③ $2\frac{2}{7} \div 4 \div \frac{2}{5} =$

⑦ $\frac{7}{8} \div 2\frac{4}{5} \times 1\frac{1}{3} =$

④ $4\frac{5}{13} \div 1\frac{6}{13} \div \frac{9}{13} =$

⑧ $3\frac{3}{4} \div \frac{5}{12} \times \frac{1}{9} =$

3 Day 분수의 나눗셈 ③

A

월 일 /16

① $6 \div \frac{3}{5} = \overset{2}{\cancel{6}} \times \frac{5}{\underset{1}{\cancel{3}}} = 10$

분모와 분자를 바꾸어 곱해요.

② $9 \div \frac{3}{4} =$

③ $25 \div \frac{5}{6} =$

④ $3 \div \frac{2}{7} =$

⑤ $7 \div \frac{7}{8} =$

⑥ $10 \div \frac{4}{9} =$

⑦ $5 \div \frac{10}{13} =$

⑧ $2 \div \frac{16}{21} =$

⑨ $4 \div 2\frac{2}{3} =$

⑩ $12 \div 1\frac{4}{5} =$

⑪ $19 \div 4\frac{2}{9} =$

⑫ $30 \div 3\frac{7}{11} =$

⑬ $18 \div 1\frac{1}{14} =$

⑭ $24 \div 2\frac{6}{7} =$

⑮ $21 \div 3\frac{3}{4} =$

⑯ $16 \div 4\frac{8}{15} =$

3 Day 분수의 나눗셈 ❸

B

월 일 /8

① $2 \div \frac{1}{10} \div \frac{1}{2} = 2 \times \frac{10}{1} \times \frac{2}{1} =$

계속 계산해서 답을 구하세요.

모두 곱셈으로 고쳐요.

⑤ $10 \times 1\frac{1}{2} \div 6 =$

② $\frac{5}{8} \div \frac{2}{9} \div \frac{1}{4} =$

⑥ $9\frac{3}{4} \times \frac{1}{3} \div 2\frac{3}{5} =$

③ $1\frac{3}{5} \div 6 \div \frac{2}{3} =$

⑦ $8\frac{1}{6} \div 1\frac{5}{9} \times \frac{1}{2} =$

④ $2\frac{9}{20} \div \frac{7}{12} \div 1\frac{1}{6} =$

⑧ $1\frac{1}{7} \div \frac{8}{15} \times 1\frac{4}{5} =$

분수의 나눗셈 ③

A

월 일 /16

① $10 \div \frac{5}{6} = \overset{2}{\cancel{10}} \times \frac{6}{\underset{1}{\cancel{5}}} = 12$

분모와 분자를 바꾸어 곱해요.

② $1 \div \frac{2}{3} =$

③ $2 \div \frac{4}{5} =$

④ $5 \div \frac{10}{21} =$

⑤ $20 \div \frac{5}{8} =$

⑥ $6 \div \frac{9}{10} =$

⑦ $21 \div \frac{14}{15} =$

⑧ $20 \div \frac{28}{29} =$

⑨ $6 \div 2\frac{1}{4} =$

⑩ $4 \div 1\frac{5}{9} =$

⑪ $18 \div 3\frac{3}{8} =$

⑫ $42 \div 4\frac{4}{11} =$

⑬ $16 \div 2\frac{6}{13} =$

⑭ $34 \div 3\frac{9}{14} =$

⑮ $12 \div 1\frac{1}{5} =$

⑯ $25 \div 2\frac{6}{17} =$

분수의 나눗셈 ③

모두 곱셈으로 고치고, 약분이 되면 약분하세요.

① $\frac{7}{24} \div \frac{1}{12} \div 21 = \frac{7}{24} \times \frac{12}{1} \times \frac{1}{21}$

$=$

계속 계산해서 답을 구하세요.

⑤ $\frac{1}{9} \times \frac{1}{2} \div \frac{1}{6} =$

② $12 \div \frac{5}{9} \div 2\frac{4}{7} =$

⑥ $1\frac{1}{5} \times 1\frac{2}{3} \div \frac{4}{5} =$

③ $\frac{1}{2} \div 2\frac{2}{3} \div \frac{1}{6} =$

⑦ $5 \div \frac{2}{7} \times \frac{4}{7} =$

④ $2\frac{1}{4} \div 1\frac{7}{8} \div \frac{4}{5} =$

⑧ $3\frac{1}{3} \div 2\frac{2}{9} \times \frac{3}{4} =$

5 Day 분수의 나눗셈 ③

A

월 일 /16

① $6 \div \frac{2}{5} = \overset{3}{\cancel{6}} \times \frac{5}{\underset{1}{\cancel{2}}} = 15$

분모와 분자를 바꾸어 곱해요.

② $7 \div \frac{3}{4} =$

③ $40 \div \frac{5}{6} =$

④ $14 \div \frac{4}{7} =$

⑤ $2 \div \frac{7}{10} =$

⑥ $6 \div \frac{9}{14} =$

⑦ $25 \div \frac{15}{17} =$

⑧ $4 \div \frac{16}{25} =$

⑨ $16 \div 1\frac{3}{5} =$

⑩ $12 \div 2\frac{5}{8} =$

⑪ $8 \div 1\frac{7}{9} =$

⑫ $21 \div 3\frac{2}{11} =$

⑬ $25 \div 2\frac{4}{13} =$

⑭ $16 \div 1\frac{13}{15} =$

⑮ $11 \div 4\frac{5}{7} =$

⑯ $24 \div 2\frac{2}{19} =$

5 Day 분수의 나눗셈 ③

B

월 일 /8

대분수를 가분수로!

① $5\frac{1}{3} \div 6 \div \frac{2}{7} = \frac{16}{3} \div 6 \div \frac{2}{7}$

$=$

계속 계산해서 답을 구하세요.

② $\frac{5}{12} \div \frac{2}{5} \div 1\frac{3}{4} =$

③ $8 \div 4\frac{1}{2} \div 3\frac{1}{3} =$

④ $\frac{5}{6} \div \frac{5}{12} \div \frac{4}{5} =$

⑤ $5 \times \frac{1}{12} \div \frac{1}{4} =$

⑥ $5\frac{1}{4} \times \frac{6}{7} \div 1\frac{1}{8} =$

⑦ $\frac{1}{2} \div \frac{1}{3} \times \frac{1}{4} =$

⑧ $4\frac{4}{9} \div 7 \times 1\frac{4}{5} =$

(소수)÷(자연수)

▶ 학습계획 : 매일 공부할 날짜를 정하고, 계획에 맞게 공부하세요.

일차	1일차	2일차	3일차	4일차	5일차
날짜	/	/	/	/	/

▶ 학습연계 : 지금 무엇을 배우는지 확인하고, 이전에 배운 단계와 앞으로 배울 단계를 살펴보세요.

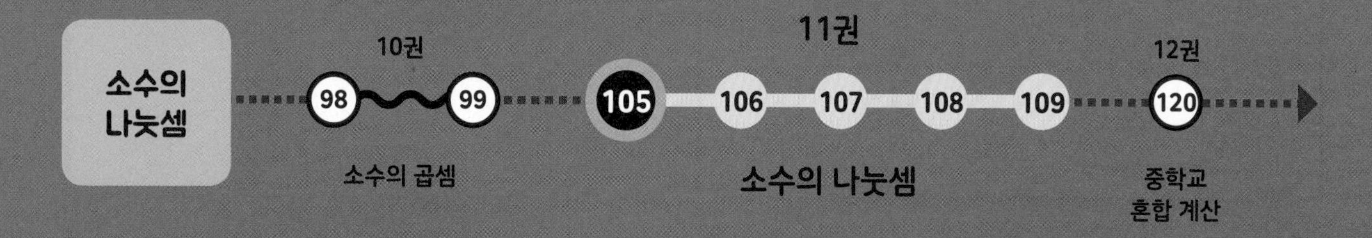

105 (소수)÷(자연수)

나누어지는 수의 소수점 위치에 맞추어 몫의 소수점을 찍어요.

(소수)÷(자연수)는 자연수의 나눗셈과 같은 방법으로 계산한 후, 나누어지는 수의 소수점 위치에 맞춰 몫의 소수점을 찍으면 됩니다.

❶ 자연수의 나눗셈과 같은 방법으로 계산해요.

		7
3	)2	1
	2	1
		0

➡

❷ 나누어지는 수의 소수점 위치에 맞춰 몫의 소수점을 찍어요.

		.7
3	)2.	1
	2	1
		0

➡

❸ 소수점 왼쪽에 수가 없으면 0을 써서 자릿수를 맞추세요.

	0.	7
3	)2.	1
	2	1
		0

나누어떨어지지 않을 때에는 나누어지는 수의 오른쪽 끝 자리에 0이 계속 있다고 생각하고 0을 내려 계산해요.

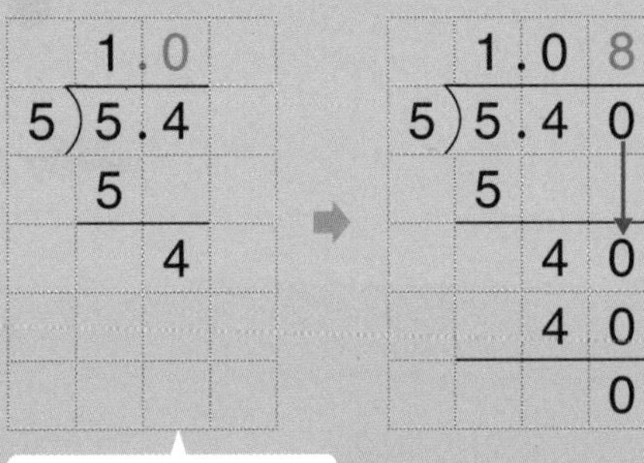

4를 5로 나눌 수 없으므로 몫의 소수 첫째 자리에 0을 써요.

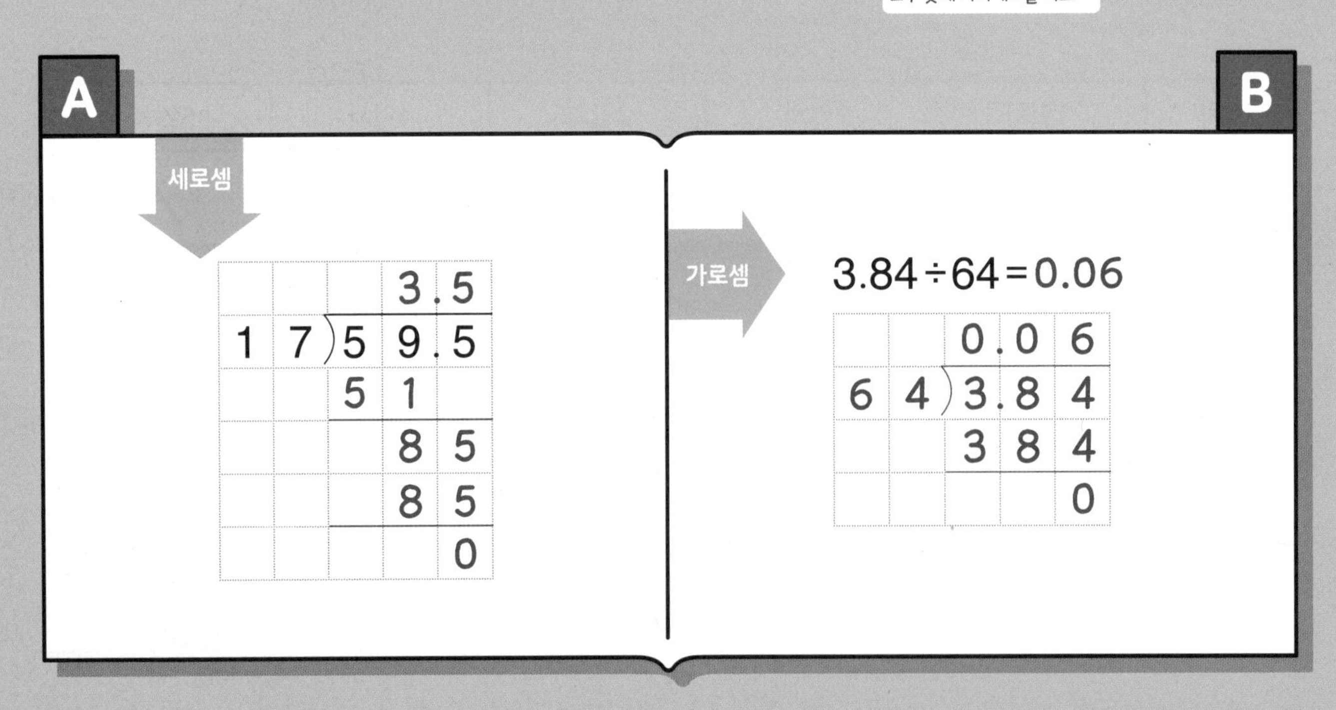

1 Day (소수)÷(자연수)

A

월 일 /9

★ 나누어떨어질 때까지 나눗셈을 하세요.

몫의 소수점은 나누어지는 수의 소수점 위치에 맞춰 찍어요.

①

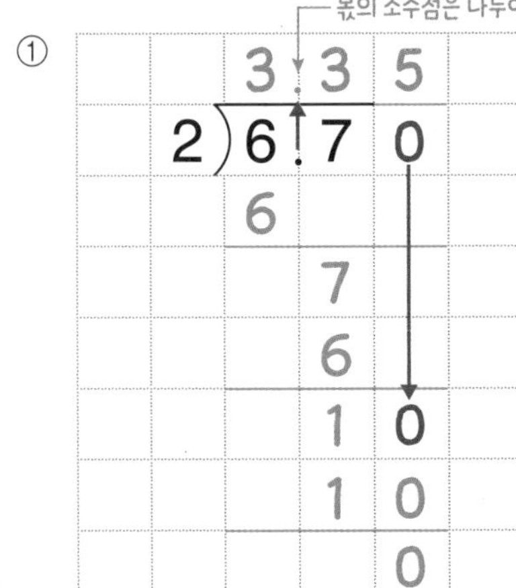

④

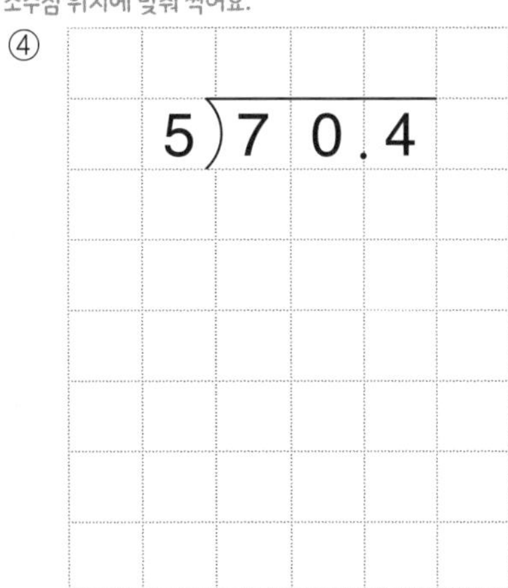

⑦

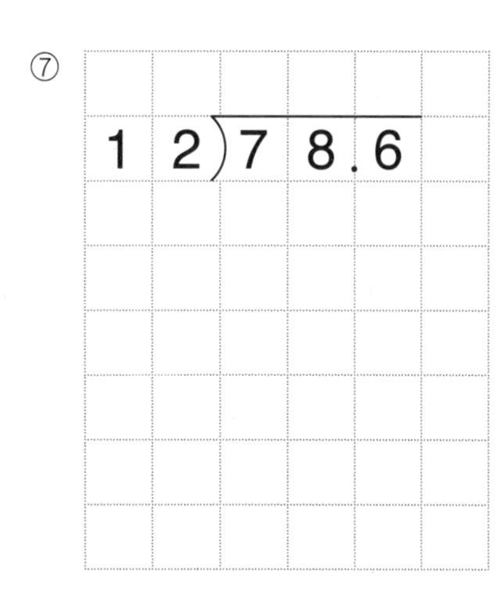

②

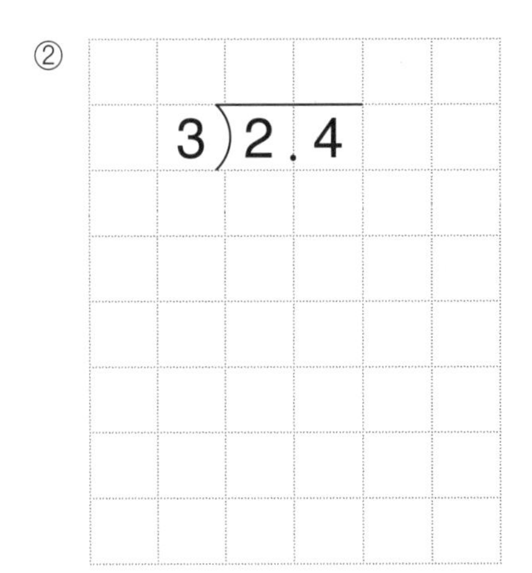

⑤

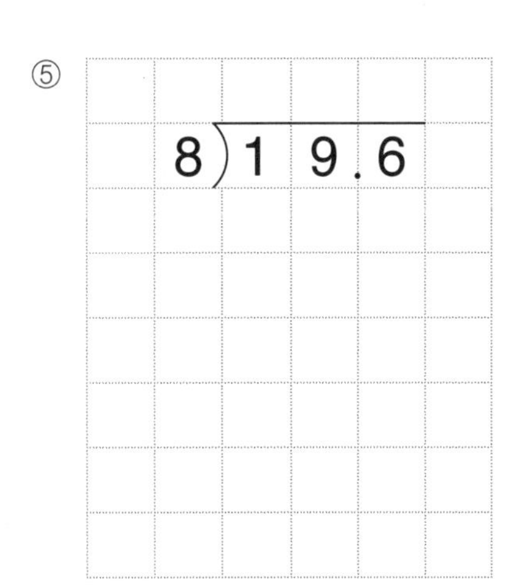

⑧

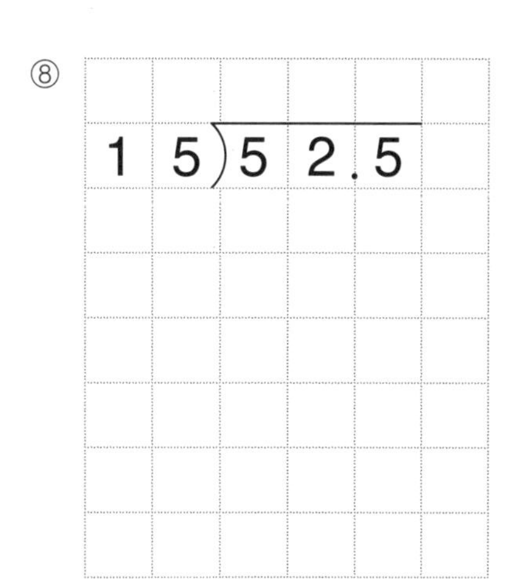

③

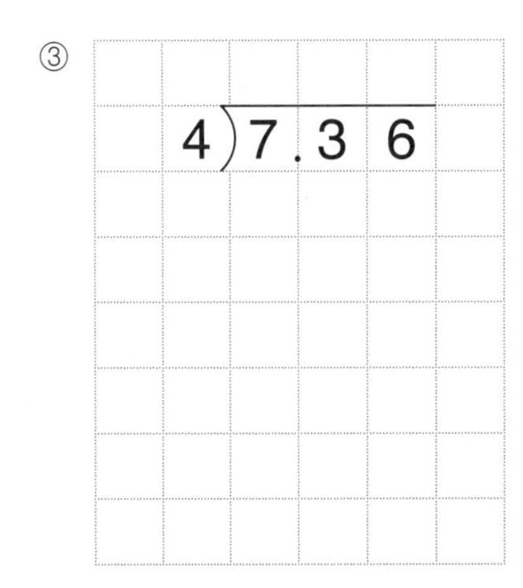

⑥

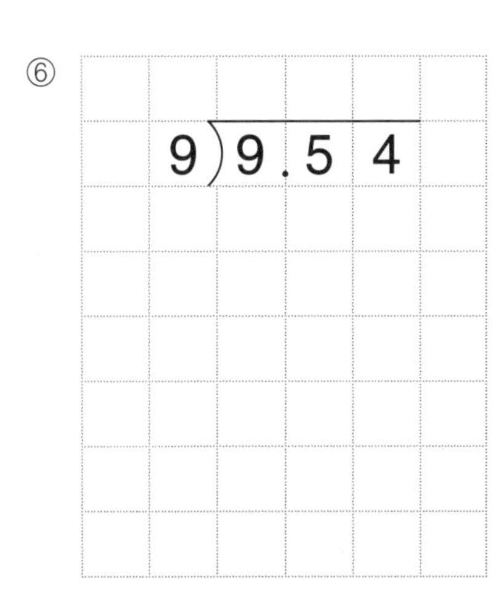

⑨

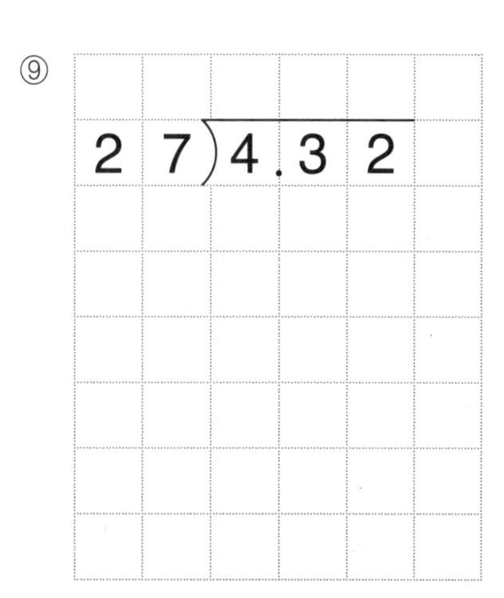

105단계

1 Day

(소수)÷(자연수)

B

월 일 /9

★ 나누어떨어질 때까지 나눗셈을 하세요.

① 7.41÷3=

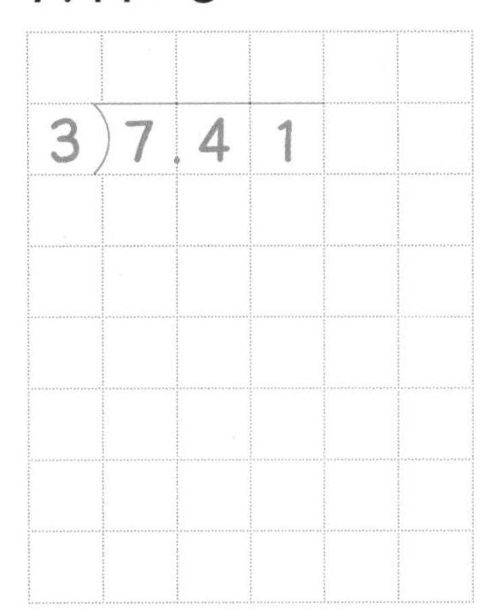

② 9.1÷5=

③ 18.3÷6=

④ 42.98÷7=

⑤ 5.6÷8=

⑥ 95.04÷12=

⑦ 41.6÷13=

⑧ 56.7÷14=

⑨ 80.7÷15=

(소수)÷(자연수)

A

월 일 /9

★ 나누어떨어질 때까지 나눗셈을 하세요.

몫의 소수점은 나누어지는 수의 소수점 위치에 맞춰 찍어요.

① $2\overline{)1.96}$

0.98

18

16

16

0

④ $7\overline{)19.18}$

⑦ $15\overline{)64.65}$

② $4\overline{)36.24}$

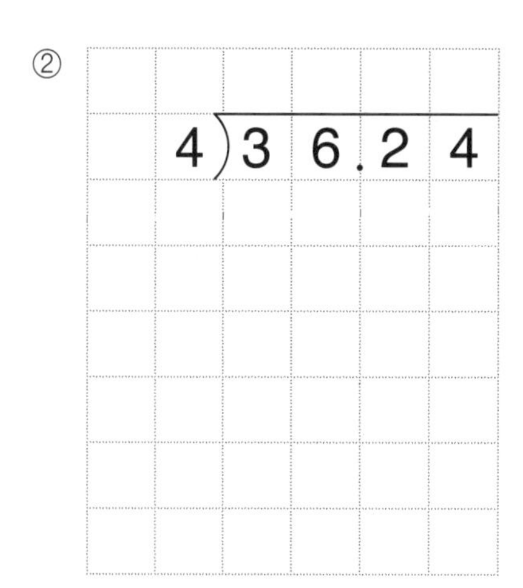

⑤ $8\overline{)42.32}$

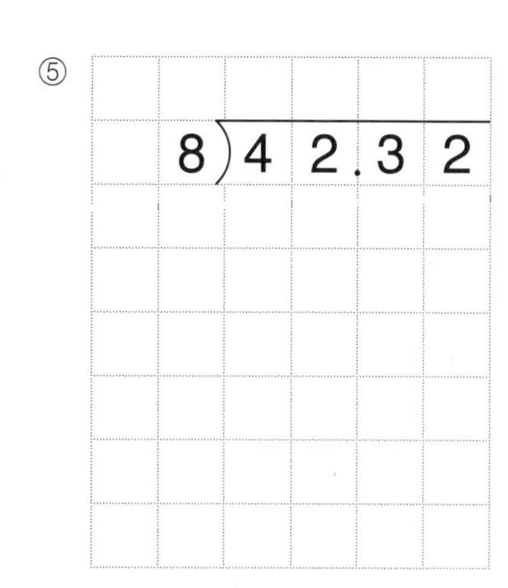

⑧ $20\overline{)1.6}$

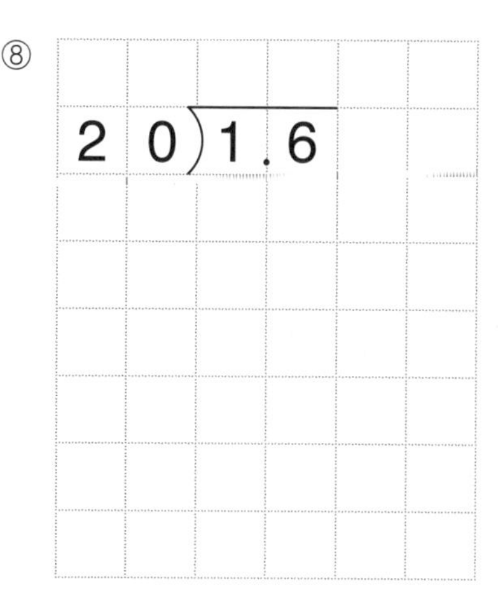

③ $6\overline{)9.6}$

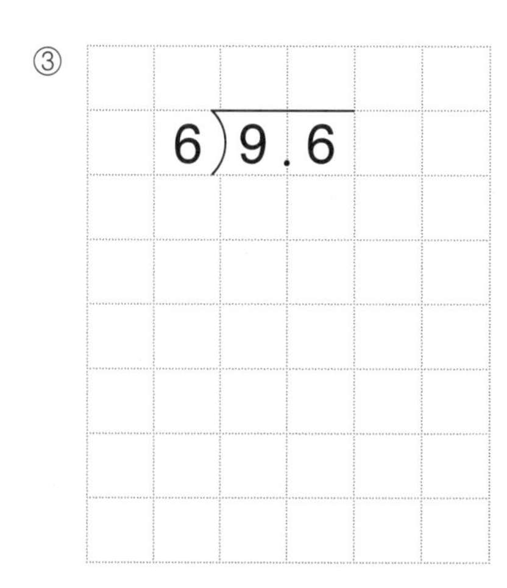

⑥ $12\overline{)60.6}$

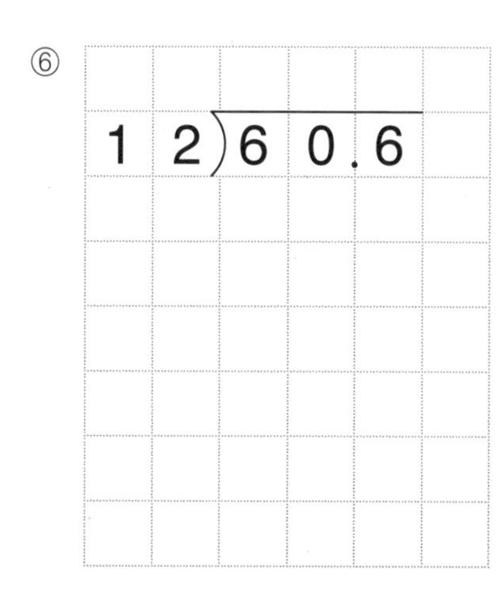

⑨ $53\overline{)37.1}$

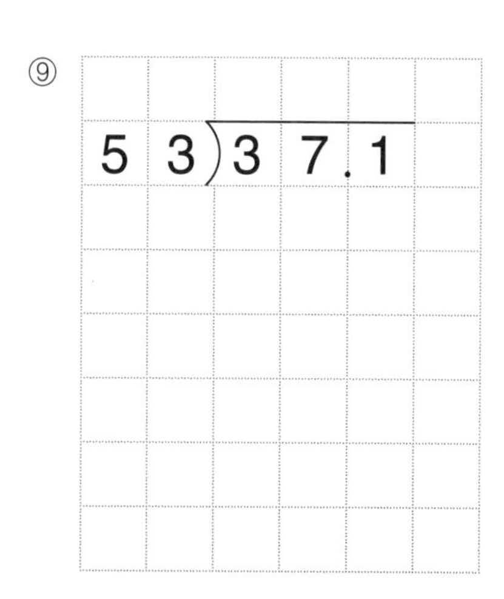

105단계

2 Day

(소수)÷(자연수)

★ 나누어떨어질 때까지 나눗셈을 하세요.

① $17.5 \div 2 =$

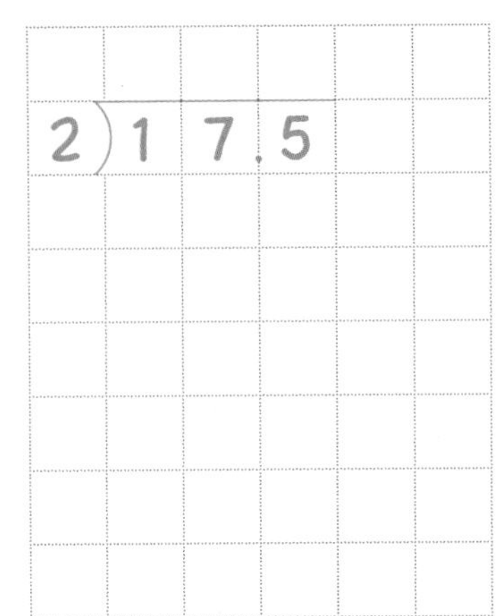

④ $7.2 \div 9 =$

⑦ $1.28 \div 16 =$

② $24.72 \div 4 =$

⑤ $17.6 \div 11 =$

⑧ $74.52 \div 23 =$

③ $15.1 \div 5 =$

⑥ $38.4 \div 15 =$

⑨ $54.57 \div 51 =$

(소수)÷(자연수)

A

월 일 /9

★ 나누어떨어질 때까지 나눗셈을 하세요.

몫의 소수점은 나누어지는 수의 소수점 위치에 맞춰 찍어요.

① 3)13.71

4.57
3)13.71
12
17
15
21
21
0

④ 8)28.48

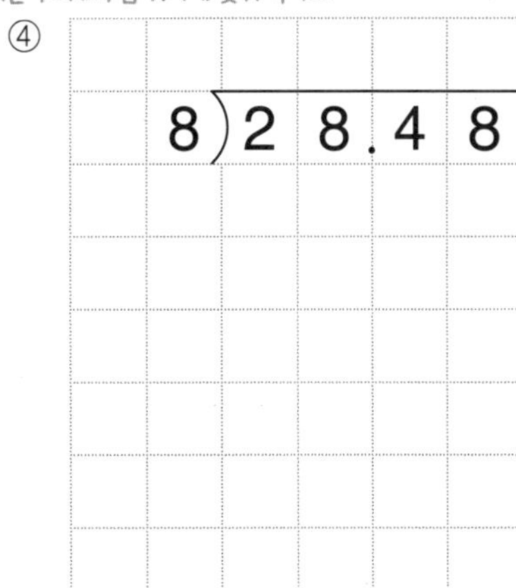

⑦ 26)3.9

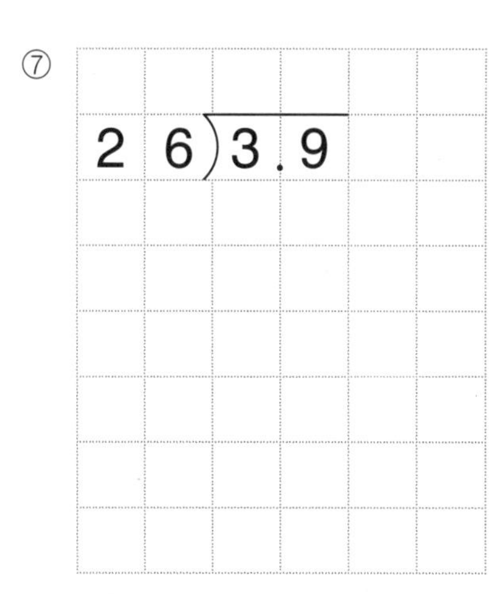

② 4)3.2

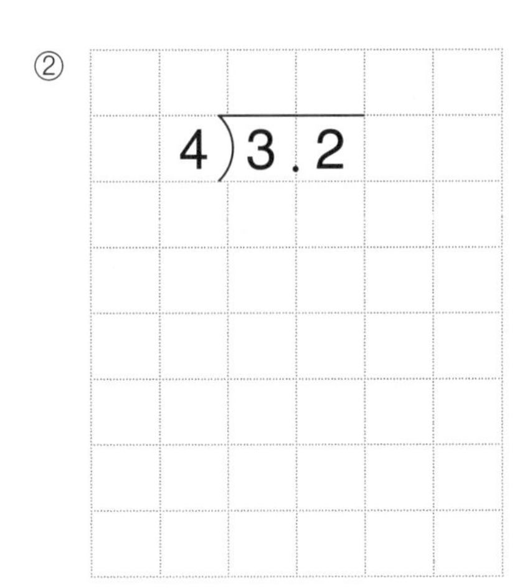

⑤ 9)45.63

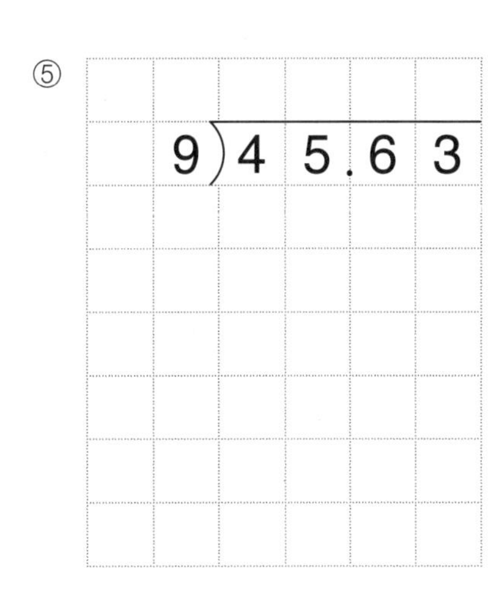

⑧ 37)88.8

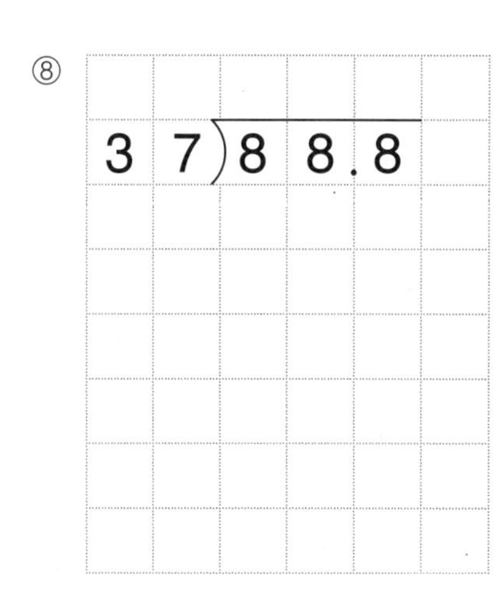

③ 7)60.2

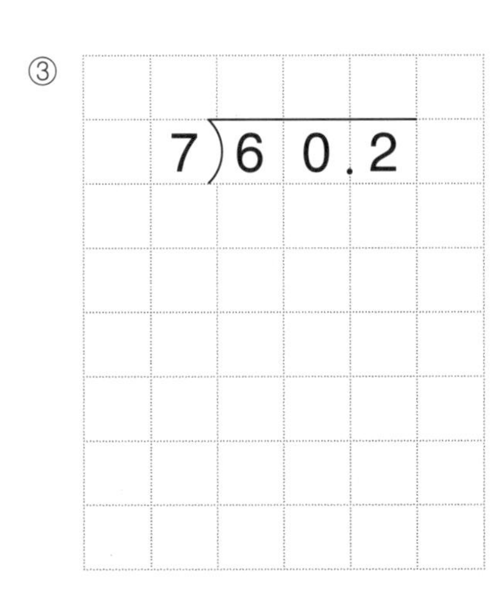

⑥ 11)14.85

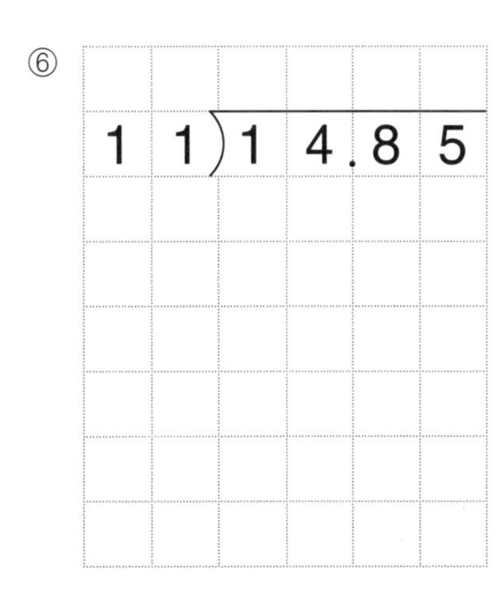

⑨ 82)63.14

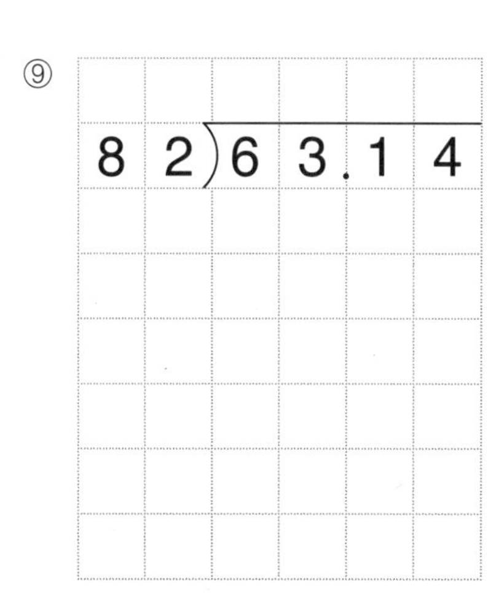

3 Day (소수)÷(자연수) B

월 일 /9

★ 나누어떨어질 때까지 나눗셈을 하세요.

① $25.8 \div 2 =$

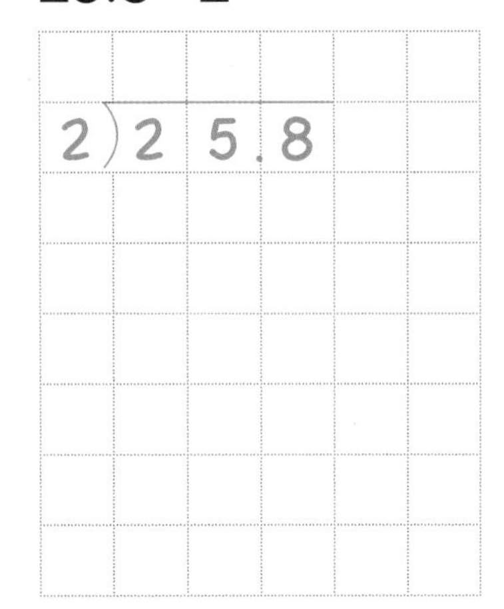

② $5.58 \div 6 =$

③ $8.4 \div 8 =$

④ $48.33 \div 9 =$

⑤ $84.96 \div 12 =$

⑥ $73.6 \div 16 =$

⑦ $69.08 \div 22 =$

⑧ $25.84 \div 34 =$

⑨ $40.5 \div 45 =$

(소수)÷(자연수)

A

월 일 /9

★ 나누어떨어질 때까지 나눗셈을 하세요.

몫의 소수점은 나누어지는 수의 소수점 위치에 맞춰 찍어요.

①

```
      9.3 5
   ┌───────
 4 ) 3 7.4 0
     3 6
     ─────
       1 4
       1 2
     ─────
         2 0
         2 0
     ─────
           0
```

④

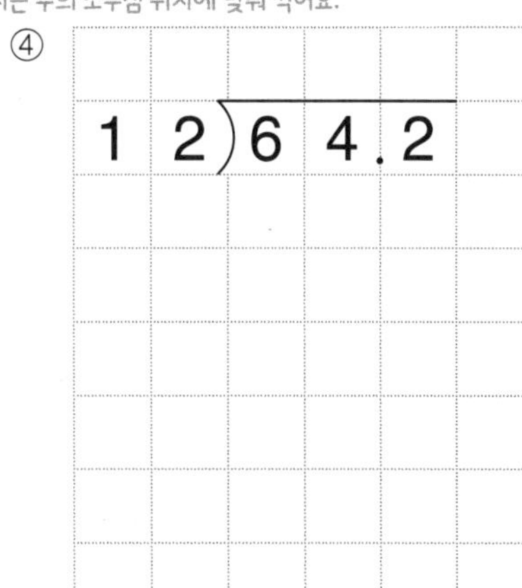

⑦

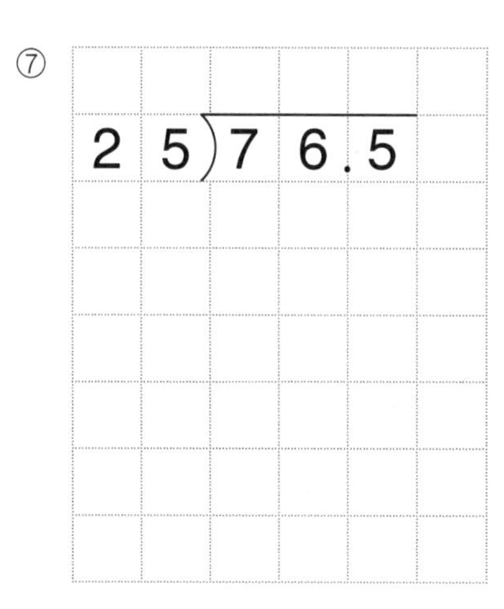

②

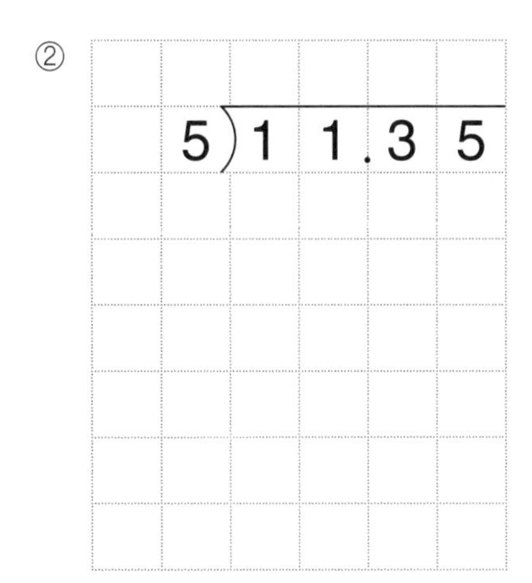

⑤

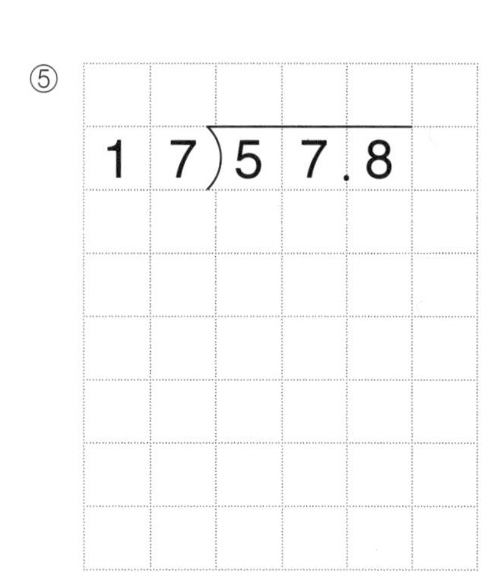

⑧

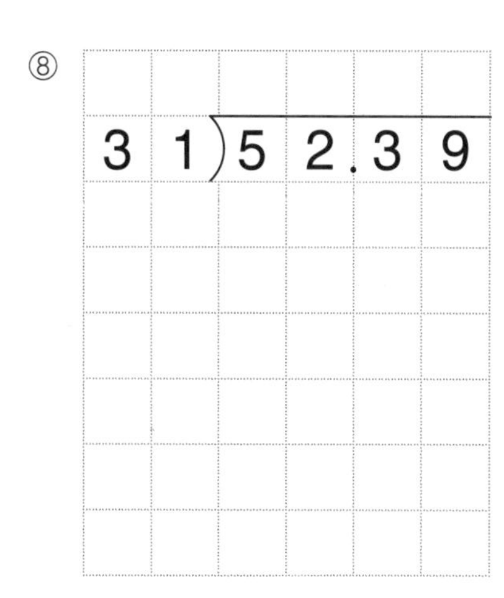

③

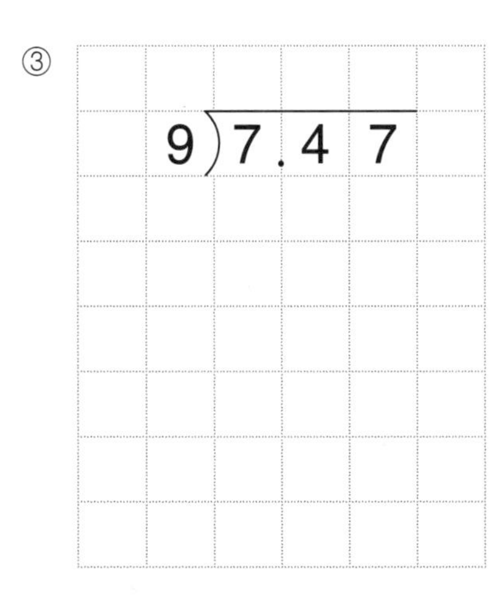

⑥

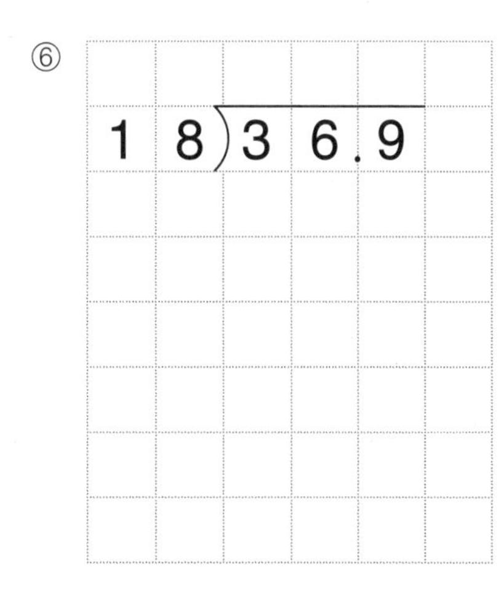

⑨

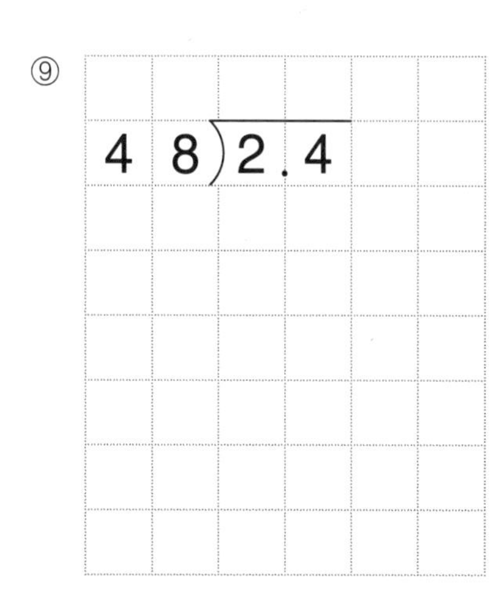

(소수)÷(자연수)

B

월 일 /9

★ 나누어떨어질 때까지 나눗셈을 하세요.

① $18.1 \div 2 =$

② $1.41 \div 3 =$

③ $32.5 \div 5 =$

④ $17.85 \div 7 =$

⑤ $48.56 \div 8 =$

⑥ $93.6 \div 13 =$

⑦ $28.98 \div 21 =$

⑧ $7.2 \div 24 =$

⑨ $19.2 \div 30 =$

5 Day (소수)÷(자연수) A

월 일 /9

★ 나누어떨어질 때까지 나눗셈을 하세요.

몫의 소수점은 나누어지는 수의 소수점 위치에 맞춰 찍어요.

① $3\overline{)16.2}$ = 5.4

15
12
12
0

④ $7\overline{)17.64}$

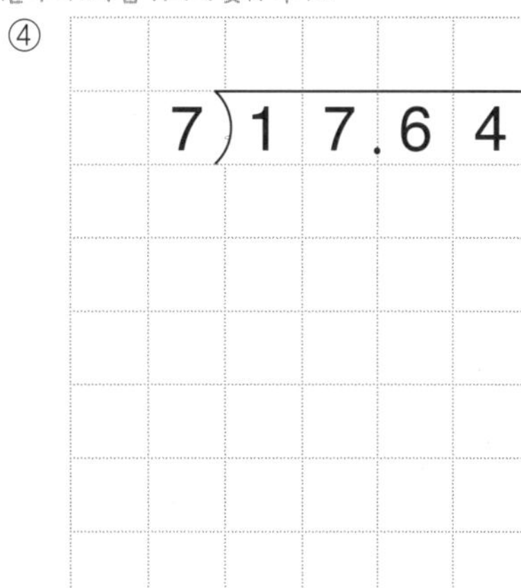

⑦ $16\overline{)68.16}$

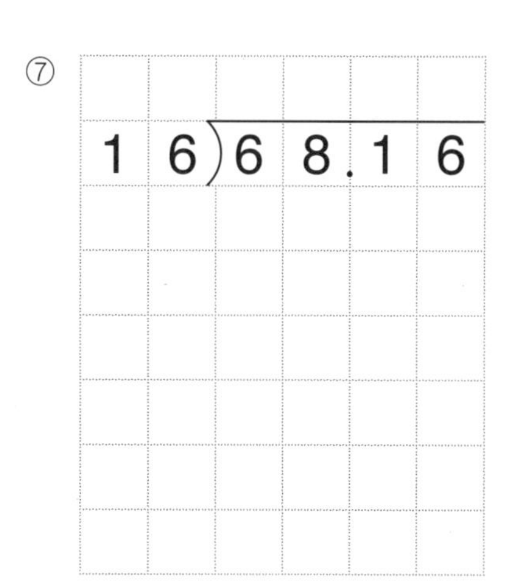

② $5\overline{)40.6}$

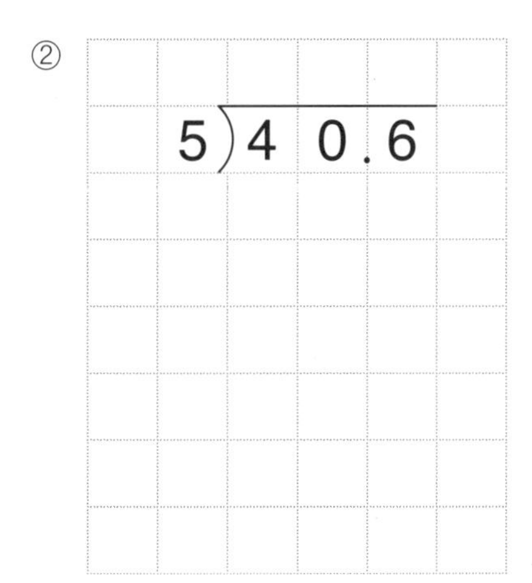

⑤ $8\overline{)4.16}$

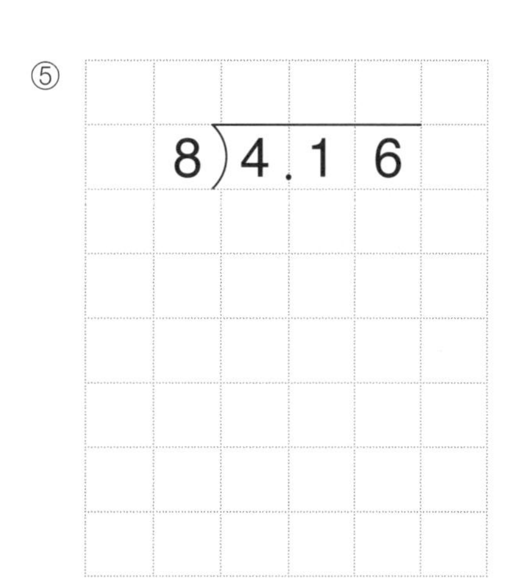

⑧ $40\overline{)83.2}$

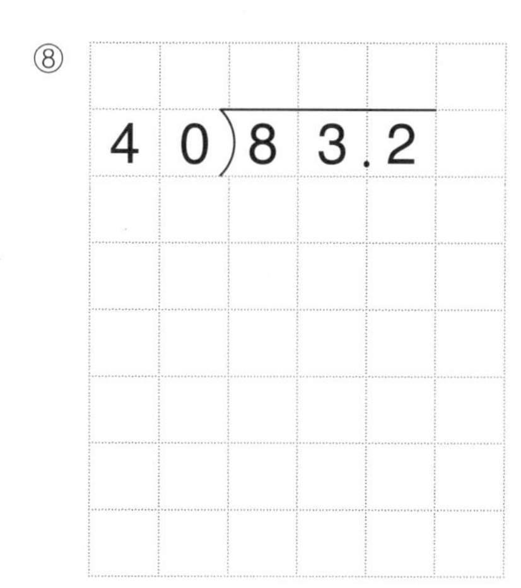

③ $6\overline{)4.8}$

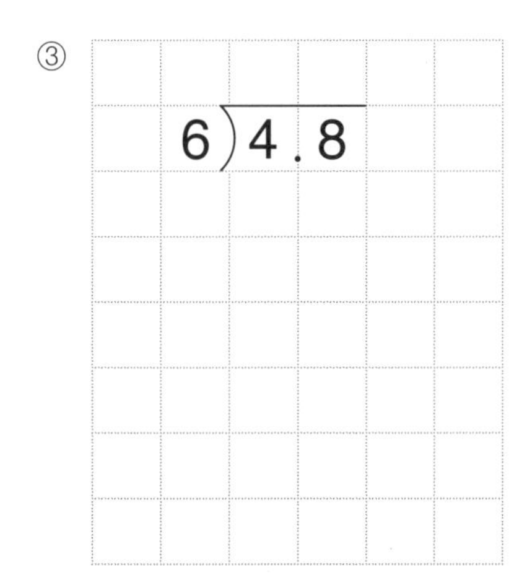

⑥ $14\overline{)84.7}$

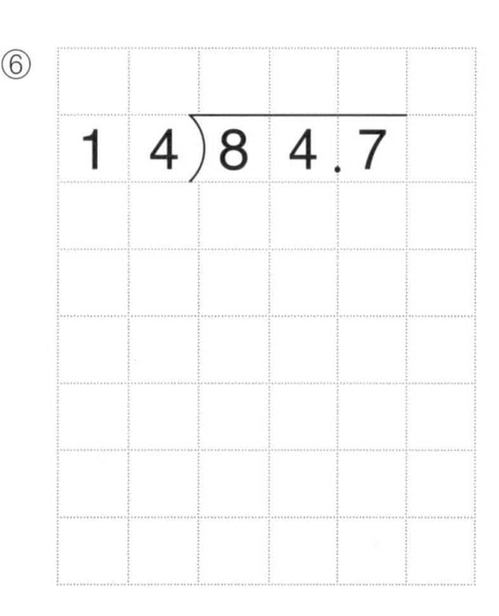

⑨ $68\overline{)659.6}$

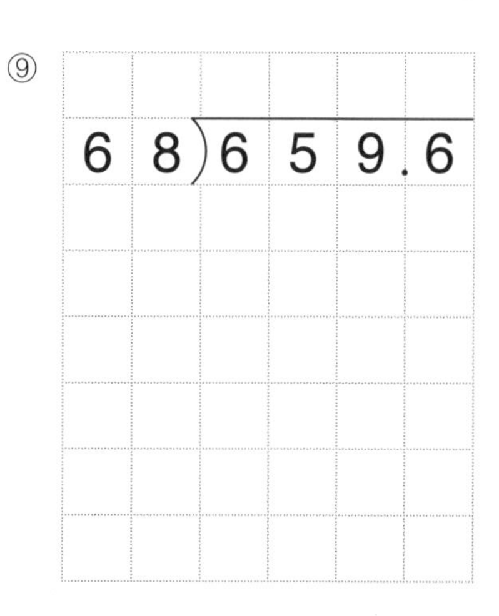

5 Day (소수)÷(자연수)

★ 나누어떨어질 때까지 나눗셈을 하세요.

① 33.4÷4=

② 30.54÷6=

③ 56.56÷7=

④ 75.2÷8=

⑤ 1.8÷9=

⑥ 6.9÷15=

⑦ 62.5÷25=

⑧ 57.09÷33=

⑨ 51.85÷61=

몫이 소수인 (자연수)÷(자연수)

▶ 학습계획 : 매일 공부할 날짜를 정하고, 계획에 맞게 공부하세요.

일차	1일차	2일차	3일차	4일차	5일차
날짜	/	/	/	/	/

▶ 학습연계 : 지금 무엇을 배우는지 확인하고, 이전에 배운 단계와 앞으로 배울 단계를 살펴보세요.

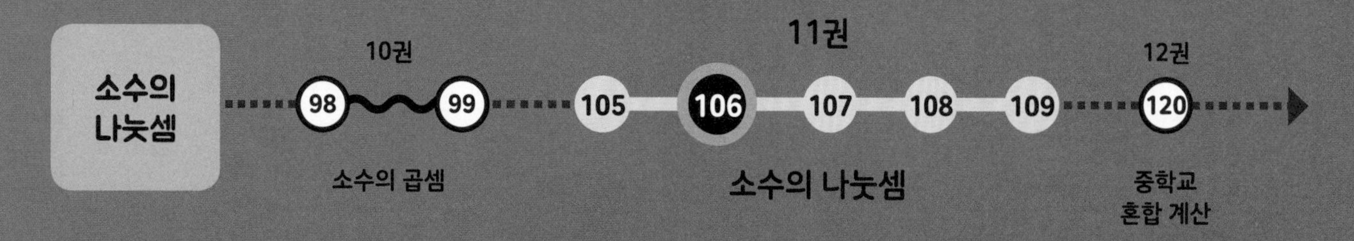

106 몫이 소수인 (자연수)÷(자연수)

자연수도 소수점 아래 0을 내려 쓸 수 있어요.

(자연수)÷(자연수)의 몫을 소수로 나타낼 수도 있어요.
이때 자연수의 끝에 소수점을 찍고, 소수점 아래 0이 있다고 생각하여 0을 내려서 몫을 소수점 아래 자리까지 계산해요.
소수점 아래의 0은 끝없이 내려 쓸 수 있어요.

	1.	6	
5)	8.	0	
	5		
	3	0	
	3	0	
		0	

나누어떨어지지 않을 때

소수점 아래 0을 내려 계산할 때 나누어떨어지지 않으면 적절한 자리에서 반올림하여 몫을 나타내요. 반올림은 구하려는 자리 바로 아래 자리의 숫자가 0, 1, 2, 3, 4이면 버리고, 5, 6, 7, 8, 9이면 올려서 나타내는 방법입니다.

① 3÷7의 몫을 반올림하여 소수 첫째 자리까지 나타내기
➡ 3÷7=0.42⋯⋯ → 0.4

② 3÷7의 몫을 반올림하여 소수 둘째 자리까지 나타내기
➡ 3÷7=0.428⋯⋯ → 0.43

	0.	4	2	8
7)	3.	0	0	0
	2	8		
		2	0	
		1	4	
			6	0
			5	6
				4

A

몫을 소수로 나타내기

13÷4=3.25

		3.	2	5
4)	1	3		
	1	2		
		1	0	
			8	
			2	0
			2	0
				0

B

몫을 반올림하기

11÷3 ➡ 3.7 ← 몫을 반올림하여 소수 첫째 자리까지 나타내기

		3.	6	6
3)	1	1		
		9		
		2	0	
		1	8	
			2	0
			1	8
				2

1 Day 묷이 소수인 (자연수)÷(자연수)

A

월 일 /9

★ 나누어떨어질 때까지 나눗셈을 하세요.

묷의 소수점은 나누어지는 수의 소수점 위치에 맞춰 찍어요.

① 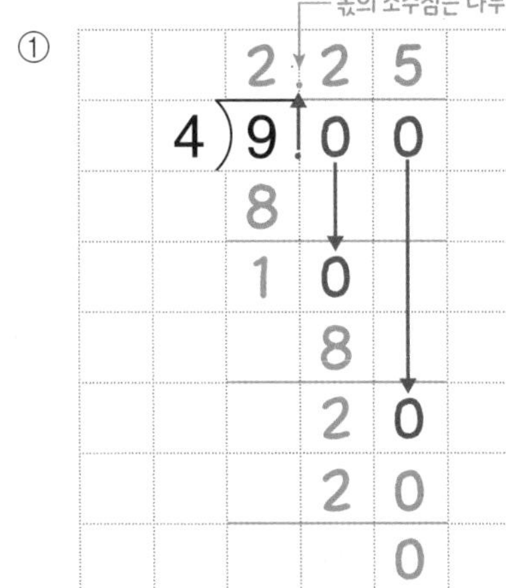

④ 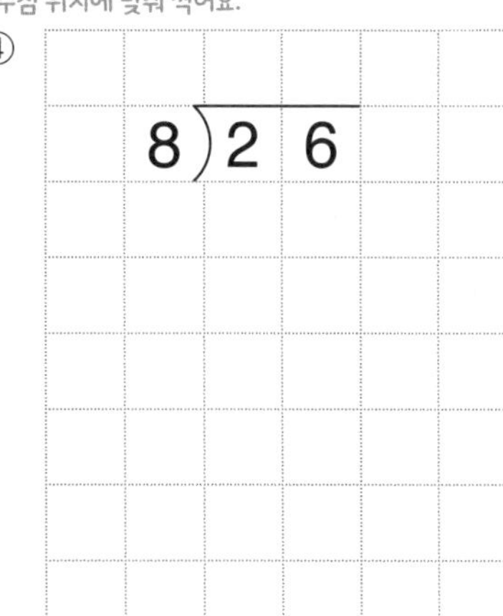

⑦ 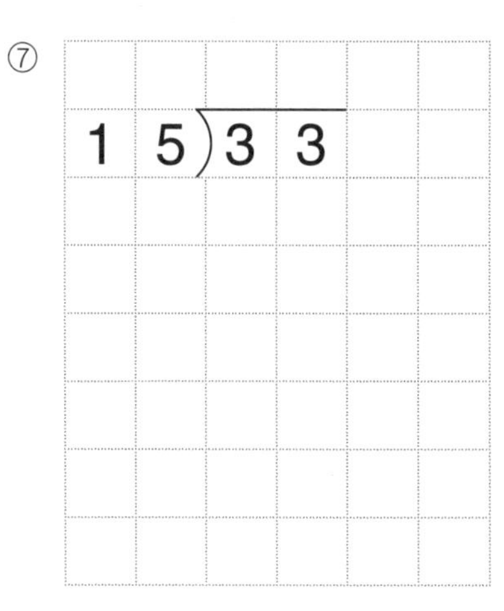

② 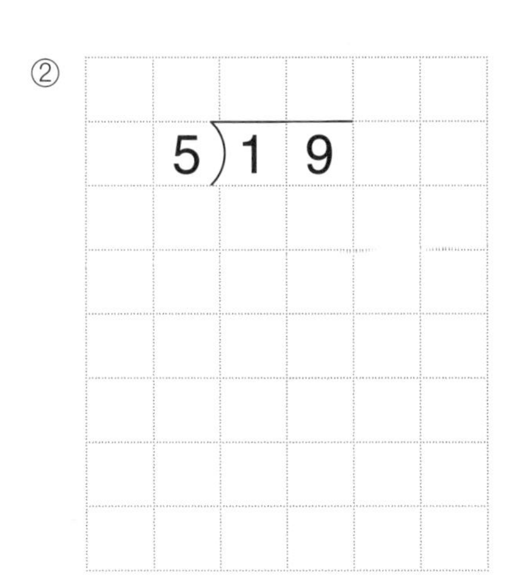

⑤ 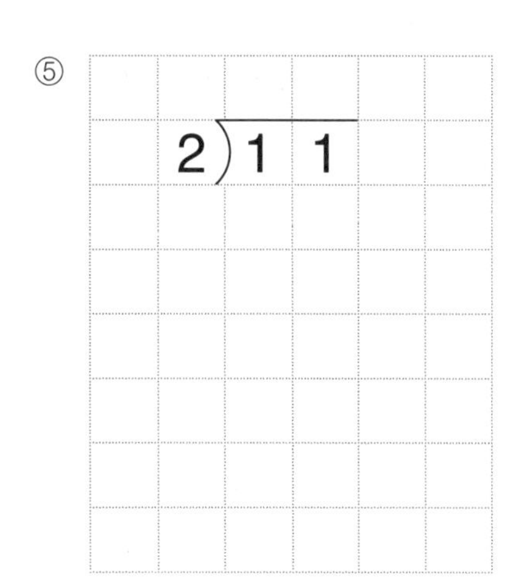

⑧ 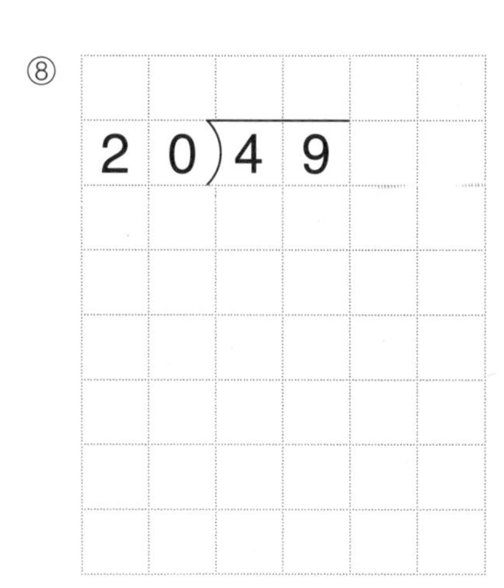

③ 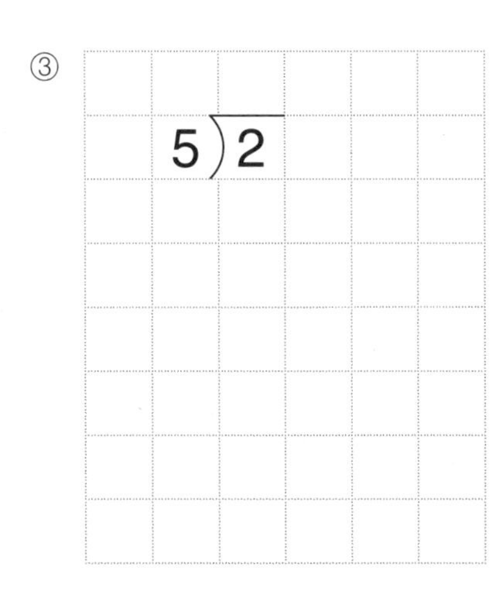

⑥ 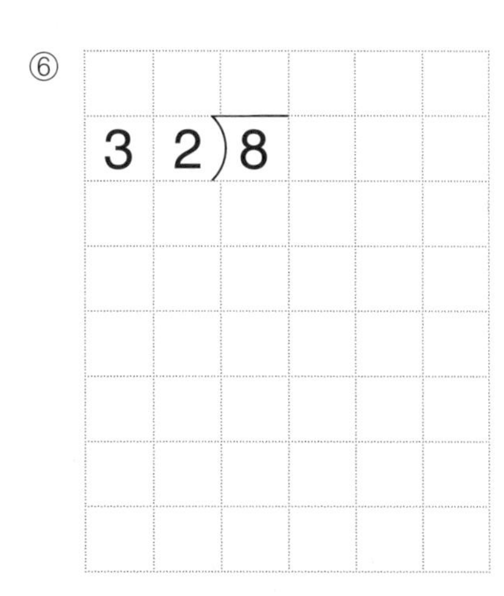

⑨ 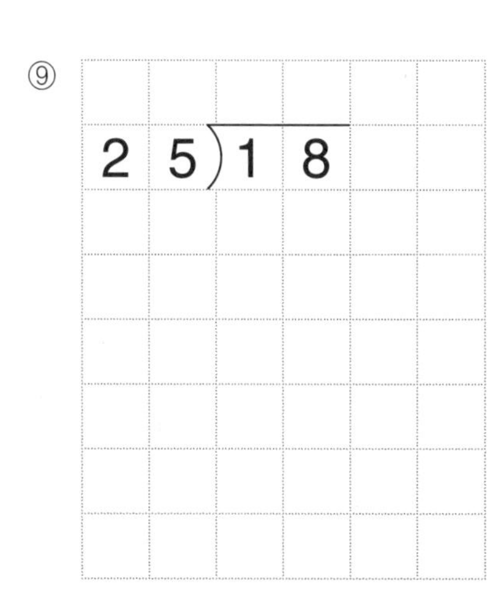

몫이 소수인 (자연수)÷(자연수)

B

몫을 소수 둘째 자리까지 구하여 소수 둘째 자리에서 반올림해요.

★ 몫을 반올림하여 소수 첫째 자리까지 나타내세요.

① 8÷7 ➡ 1.1

	1.	1	~~4~~		
7)	8.	0	0		
	7				
	1	0			
		7			
		3	0		
		2	8		
			2		

③ 25÷6 ➡

⑤ 35÷13 ➡

② 3÷9 ➡

④ 13÷9 ➡

⑥ 26÷11 ➡

106단계

2 Day 몫이 소수인 (자연수)÷(자연수)

A

월 일 /9

★ 나누어떨어질 때까지 나눗셈을 하세요.

몫의 소수점은 나누어지는 수의 소수점 위치에 맞춰 찍어요.

① 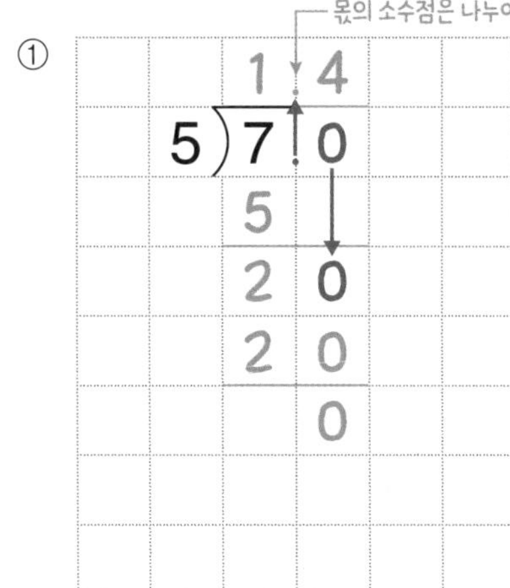

④ 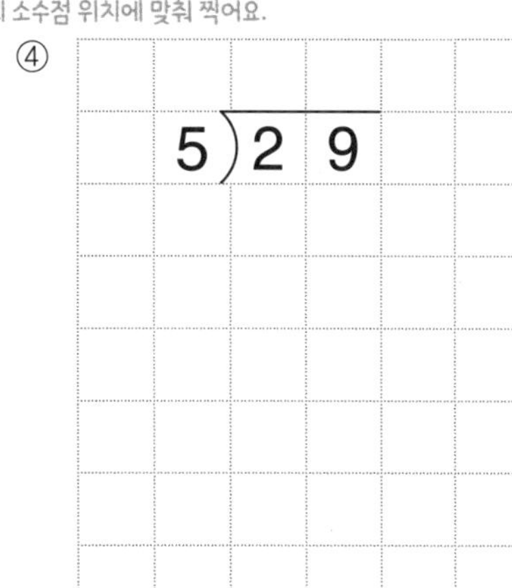

⑦ 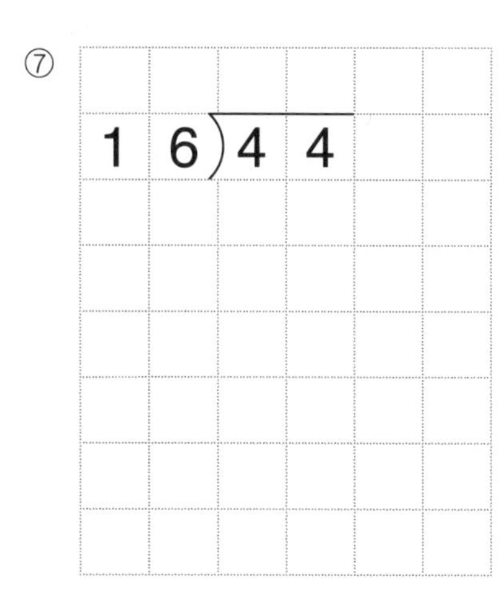

② 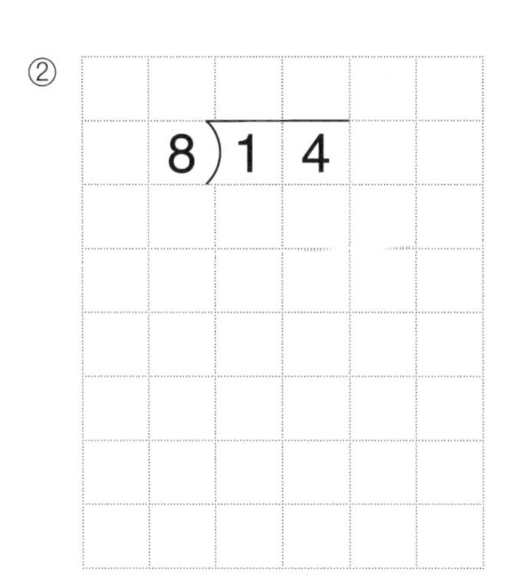

⑤ 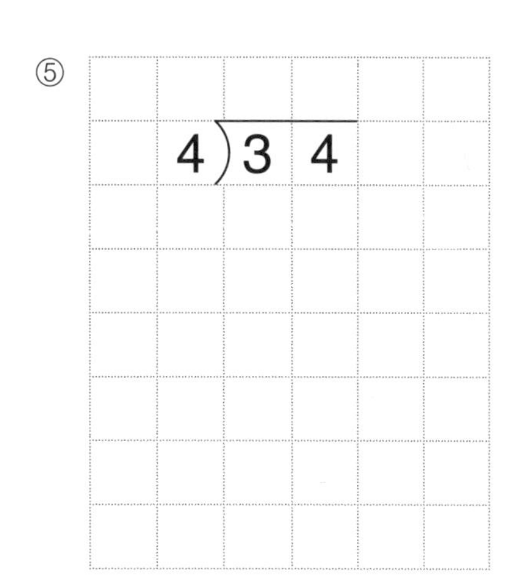

⑧ 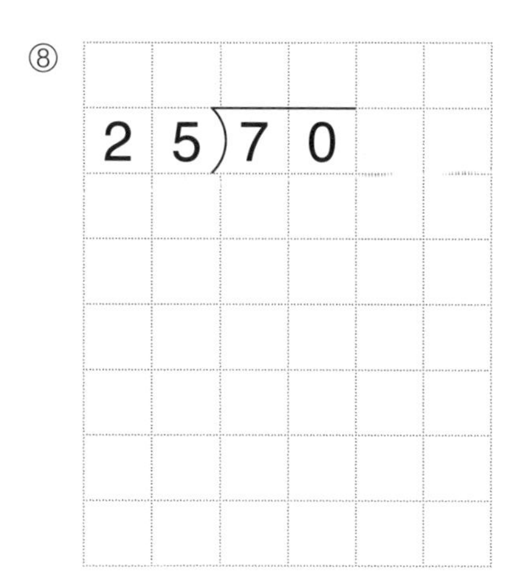

③ 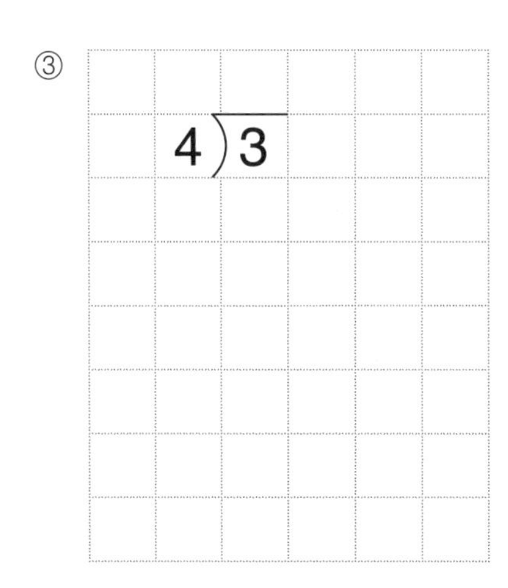

⑥ 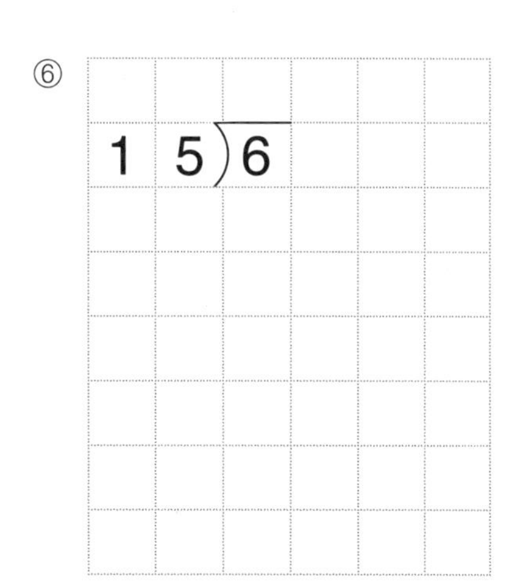

⑨ 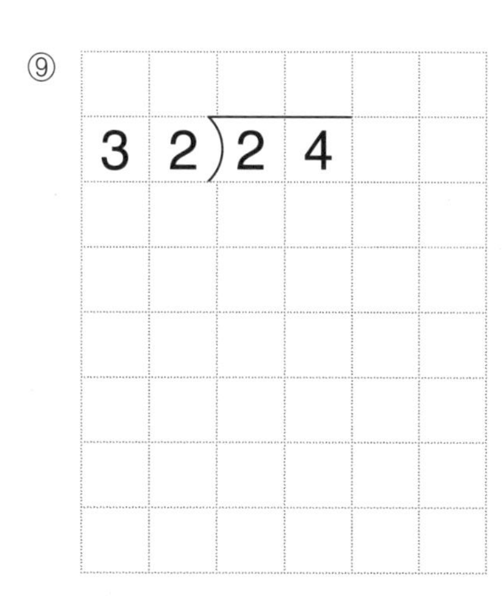

106단계

2 Day 몫이 소수인 (자연수)÷(자연수)

★ 몫을 반올림하여 소수 둘째 자리까지 나타내세요. (몫을 소수 셋째 자리까지 구하여 소수 셋째 자리에서 반올림해요.)

① $13 \div 7$ ➡ 1.86

		1	.8	5	7
7)	1	3.	0	0	0
		7			
		6	0		
		5	6		
			4	0	
			3	5	
				5	0
				4	9
					1

③ $17 \div 9$ ➡

⑤ $51 \div 21$ ➡

② $2 \div 6$ ➡

④ $20 \div 3$ ➡

⑥ $88 \div 17$ ➡

3 Day 몫이 소수인 (자연수)÷(자연수)

A

월 일 /9

★ 나누어떨어질 때까지 나눗셈을 하세요.

몫의 소수점은 나누어지는 수의 소수점 위치에 맞춰 찍어요.

① 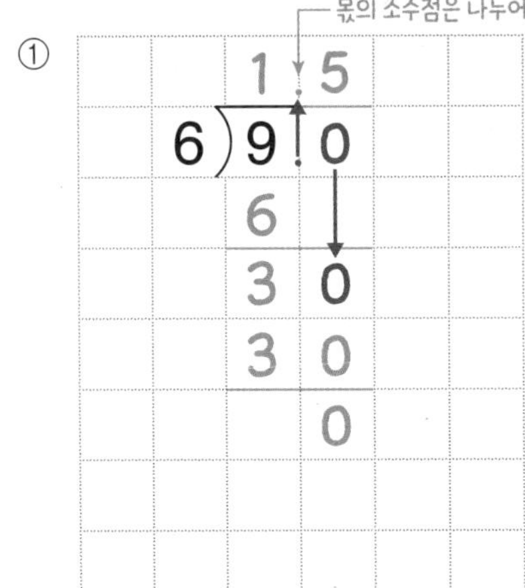

$$\begin{array}{r} 1.5 \\ 6\overline{)9.0} \\ 6 \\ \hline 3\,0 \\ 3\,0 \\ \hline 0 \end{array}$$

② 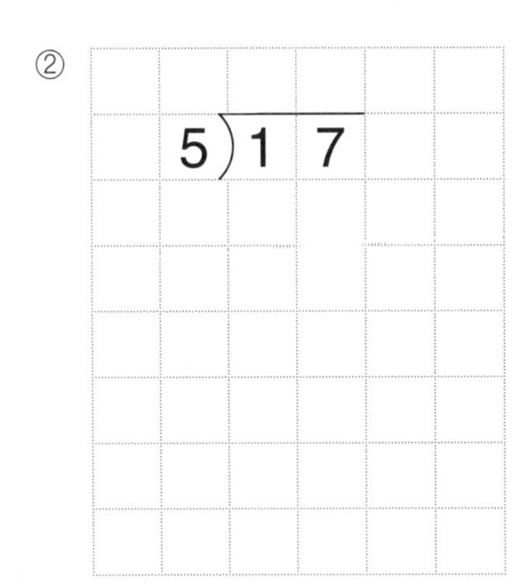

$5\overline{)17}$

③ 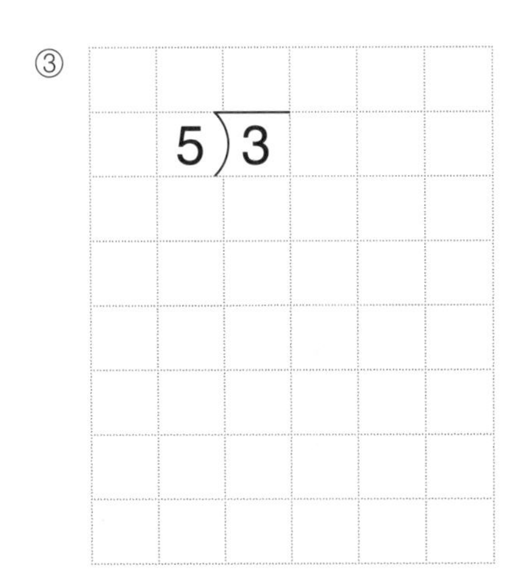

$5\overline{)3}$

④ 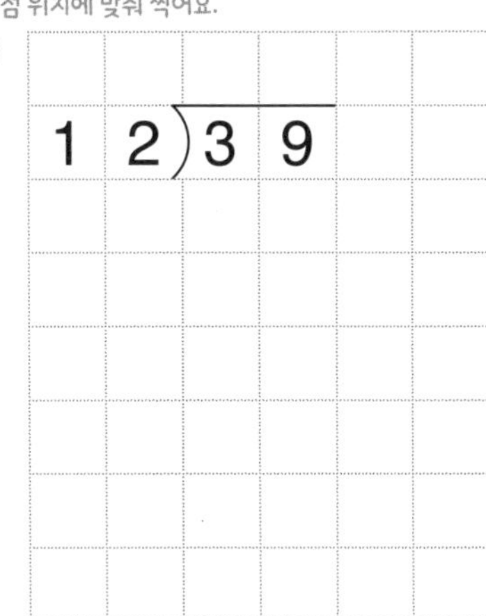

$12\overline{)39}$

⑤ 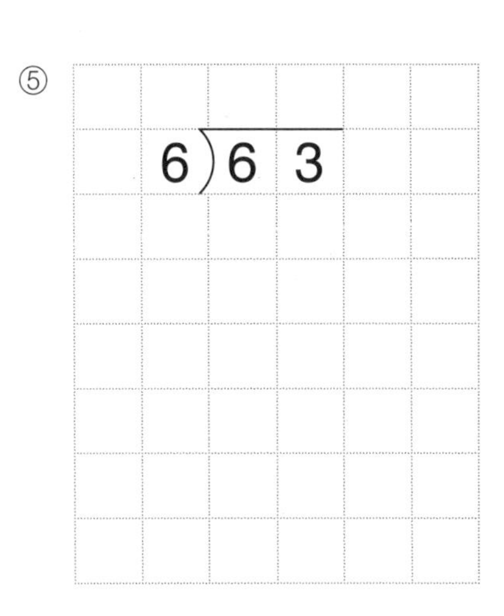

$6\overline{)63}$

⑥ 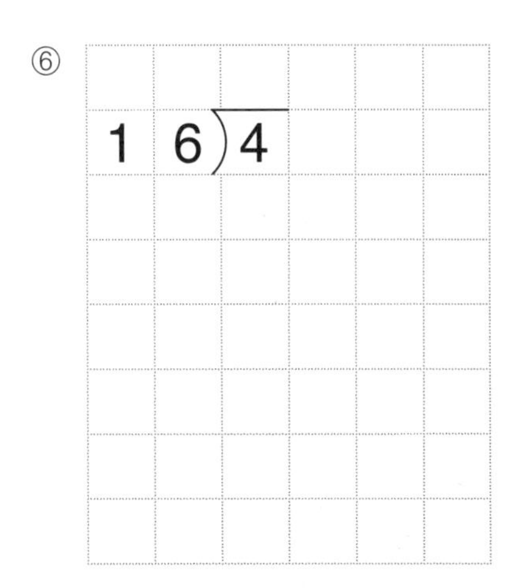

$16\overline{)4}$

⑦ 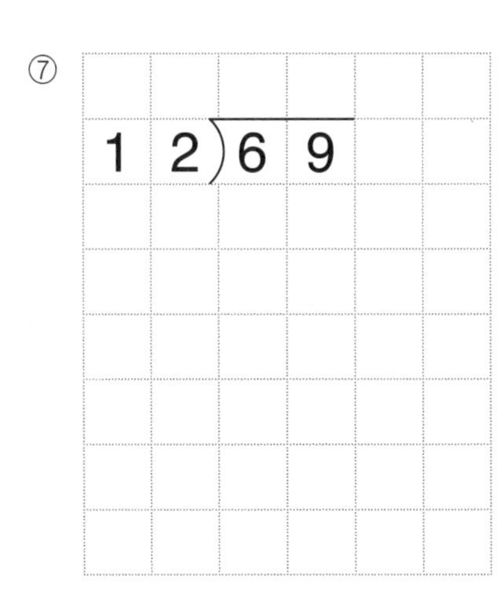

$12\overline{)69}$

⑧ 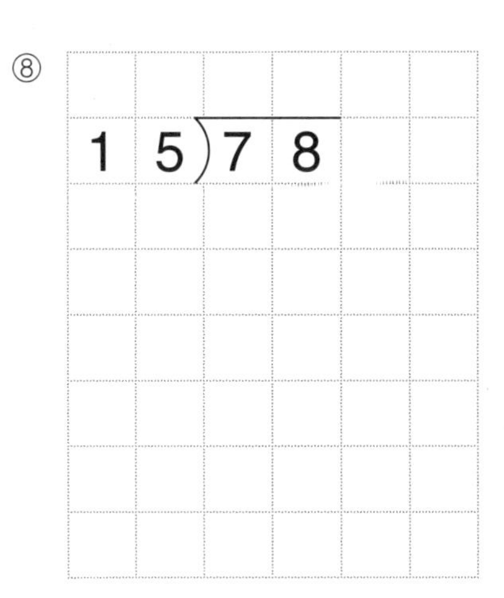

$15\overline{)78}$

⑨ 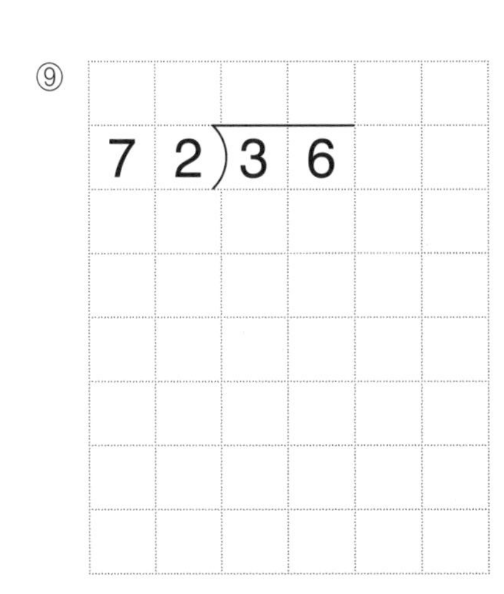

$72\overline{)36}$

3 Day 몫이 소수인 (자연수)÷(자연수) B

월 일 /6

★ 몫을 반올림하여 소수 첫째 자리까지 나타내세요.

(소수 첫째 자리까지: 몫을 소수 둘째 자리까지 구하여 소수 둘째 자리에서 반올림해요.)

① $11 \div 6$ ➡ 1.8

$$\begin{array}{r} 1.83 \\ 6\overline{)11.00} \\ \underline{6} \\ 50 \\ \underline{48} \\ 20 \\ \underline{18} \\ 2 \end{array}$$

③ $52 \div 3$ ➡

⑤ $69 \div 22$ ➡

② $4 \div 9$ ➡

④ $95 \div 7$ ➡

⑥ $40 \div 19$ ➡

4 Day 묷이 소수인 (자연수)÷(자연수)

A

월 일 /9

★ 나누어떨어질 때까지 나눗셈을 하세요.

①

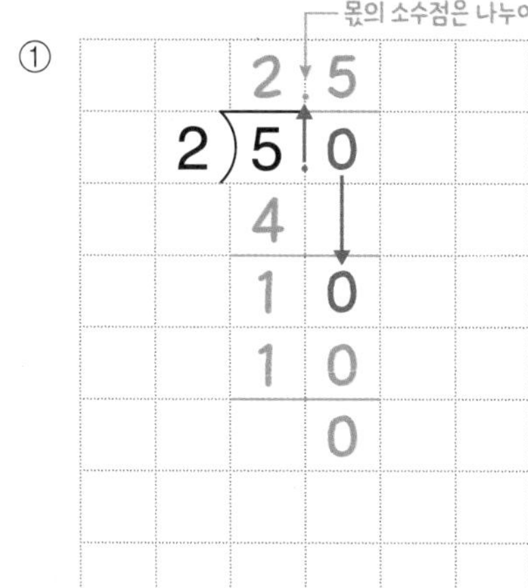

④

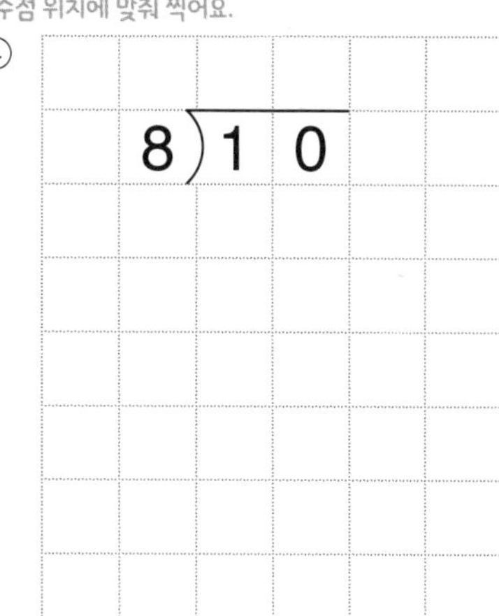

⑦

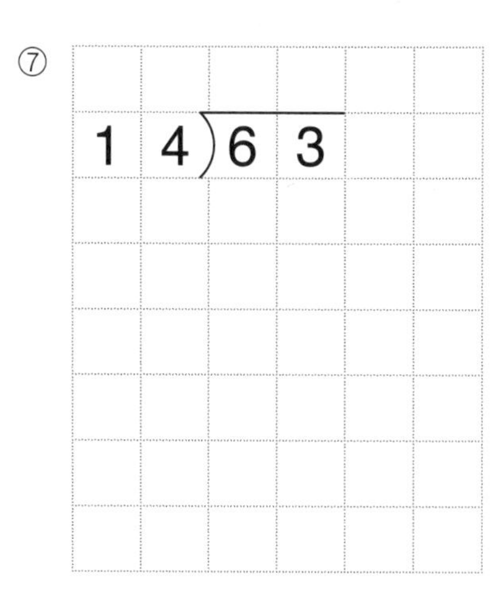

②

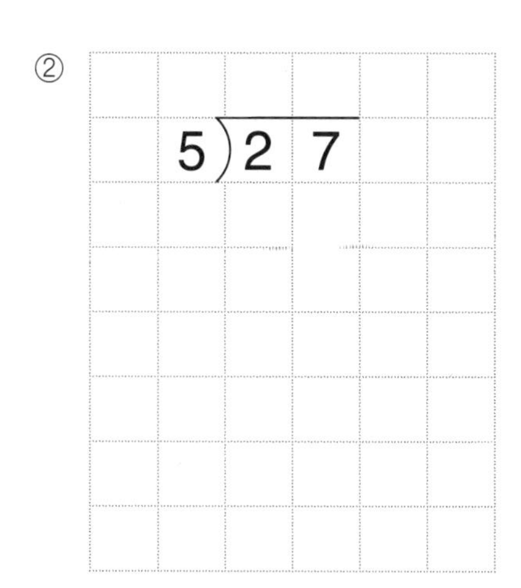

⑤

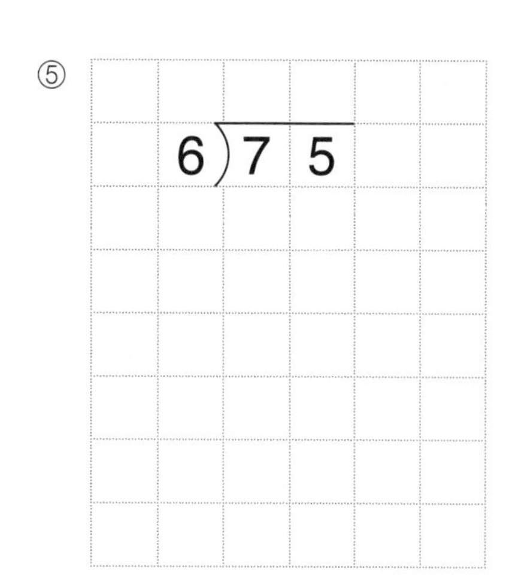

⑧

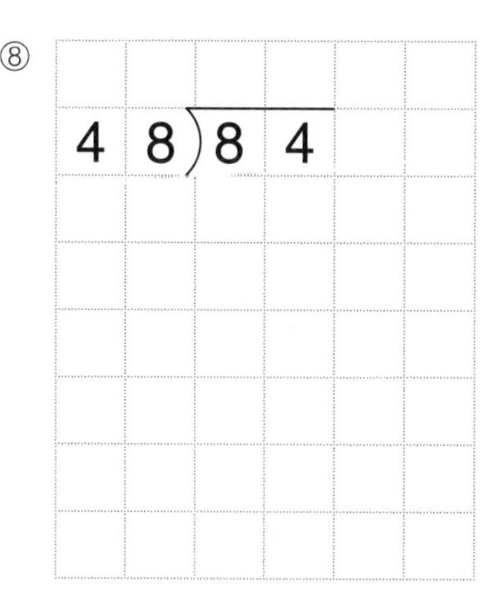

③

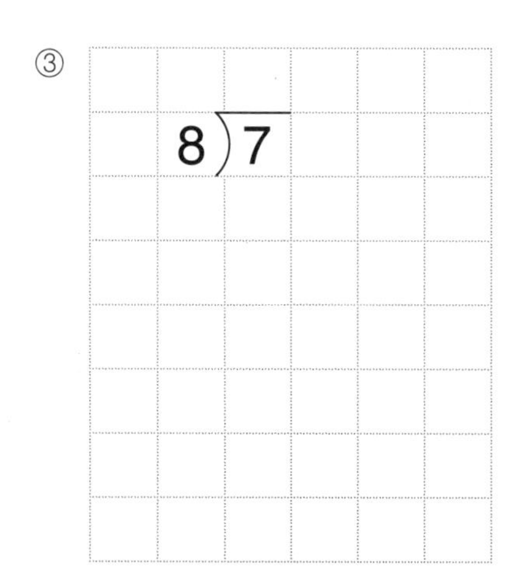

⑥

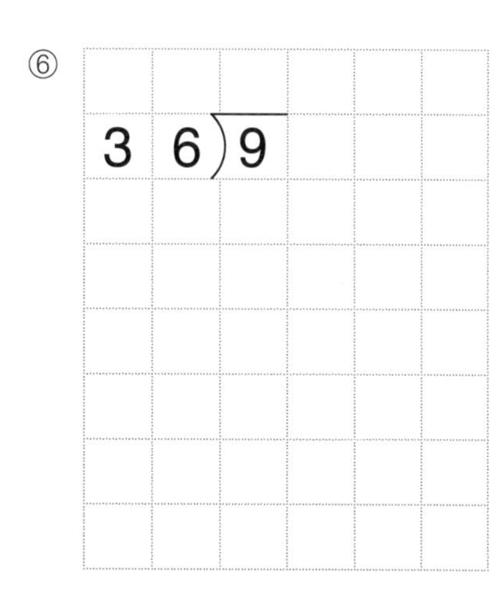

⑨

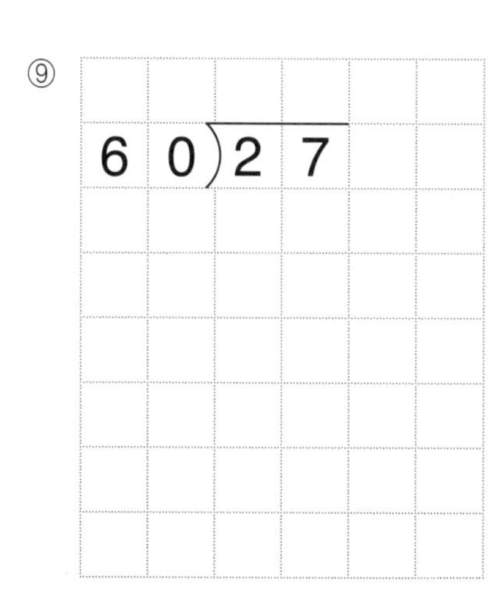

몫이 소수인 (자연수)÷(자연수)

월 일 /6

몫을 소수 셋째 자리까지 구하여 소수 셋째 자리에서 반올림해요.

★ 몫을 반올림하여 소수 둘째 자리까지 나타내세요.

① $8 \div 3$ ➡ 2.67

	2	.6	6	6	
3)	8	.0	0	0	
	6				
	2	0			
	1	8			
		2	0		
		1	8		
			2	0	
			1	8	
				2	

③ $28 \div 9$ ➡

⑤ $68 \div 26$ ➡

② $5 \div 7$ ➡

④ $45 \div 7$ ➡

⑥ $55 \div 27$ ➡

5 Day 묷이 소수인 (자연수)÷(자연수)

A

월 일 /9

★ 나누어떨어질 때까지 나눗셈을 하세요.

①

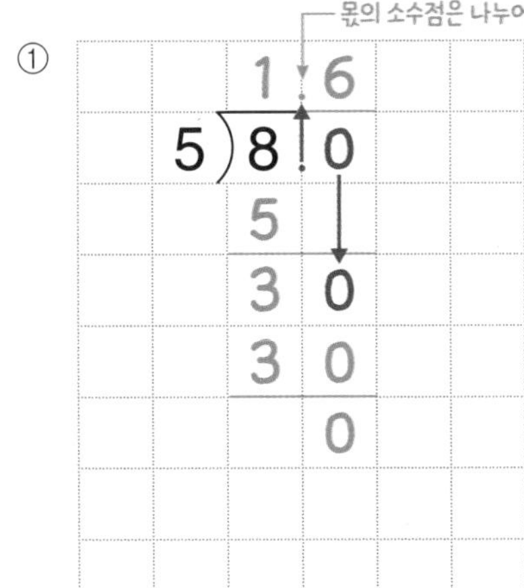

④

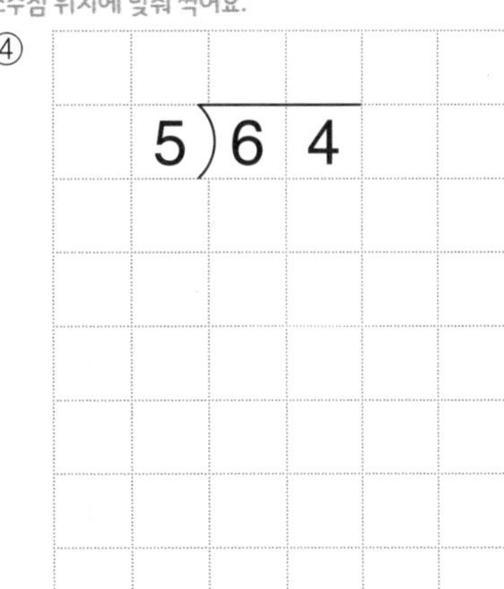

⑦

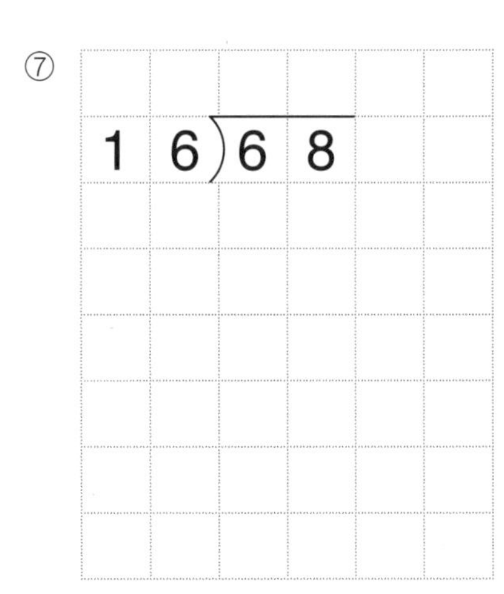

②

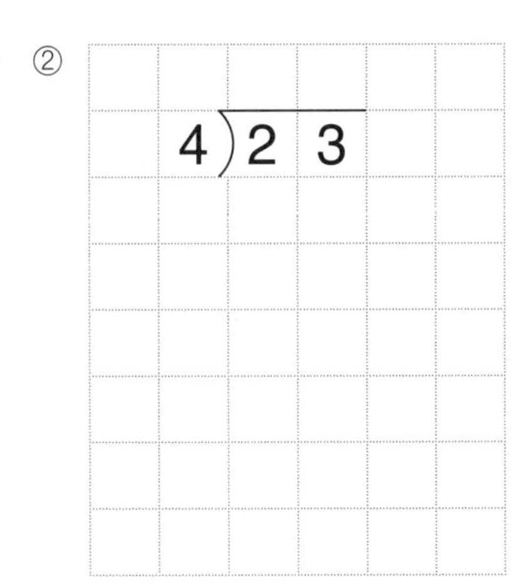

⑤

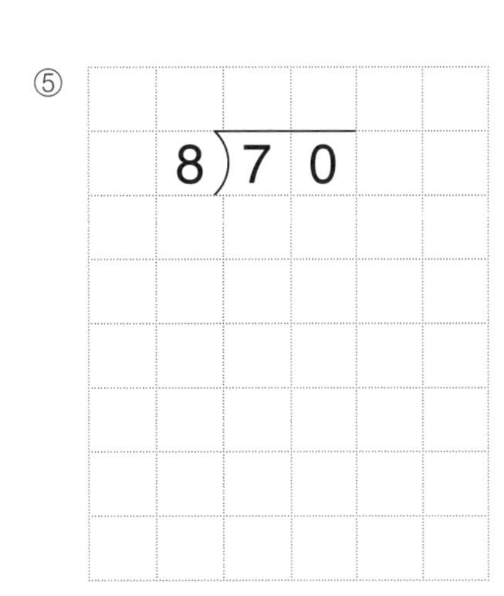

⑧

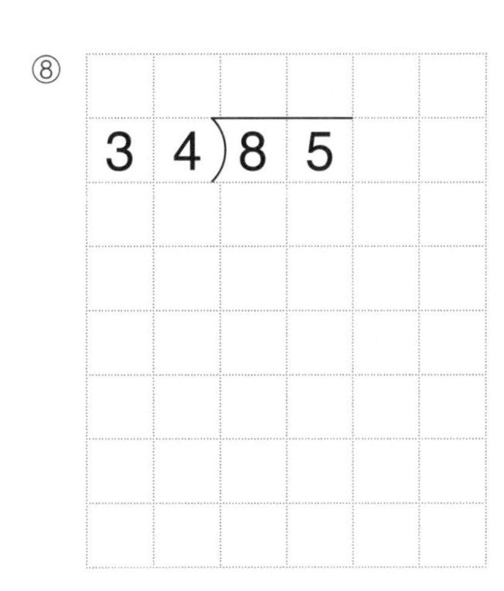

③

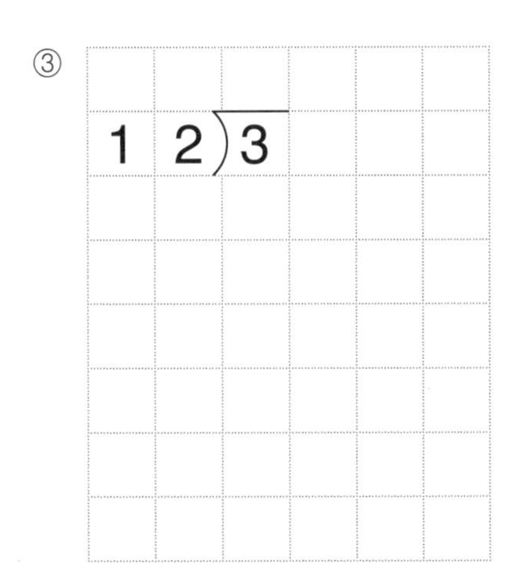

⑥

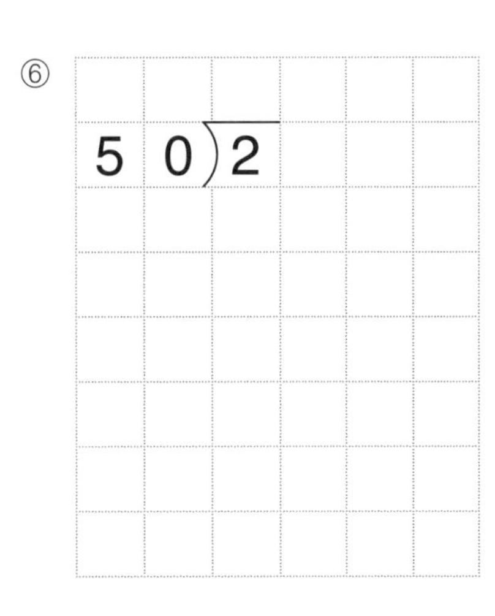

⑨

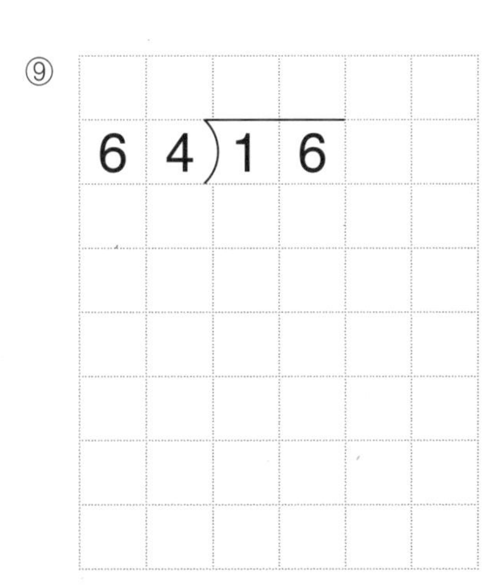

106단계

5 Day 묶이 소수인 (자연수)÷(자연수)

★ 몫을 반올림하여 소수 첫째 자리까지 나타내세요.
(몫을 소수 둘째 자리까지 구하여 소수 둘째 자리에서 반올림해요.)

① 15÷7 ➡ 2.1

		2	.1	~~4~~	
7)	1	5	.0	0	
	1	4			
		1	0		
			7		
			3	0	
			2	8	
				2	

② 2÷3 ➡

③ 43÷6 ➡

④ 82÷9 ➡

⑤ 86÷11 ➡

⑥ 53÷19 ➡

소수의 나눗셈 ①

▶ 학습계획 : 매일 공부할 날짜를 정하고, 계획에 맞게 공부하세요.

일차	1일차	2일차	3일차	4일차	5일차
날짜	/	/	/	/	/

▶ 학습연계 : 지금 무엇을 배우는지 확인하고, 이전에 배운 단계와 앞으로 배울 단계를 살펴보세요.

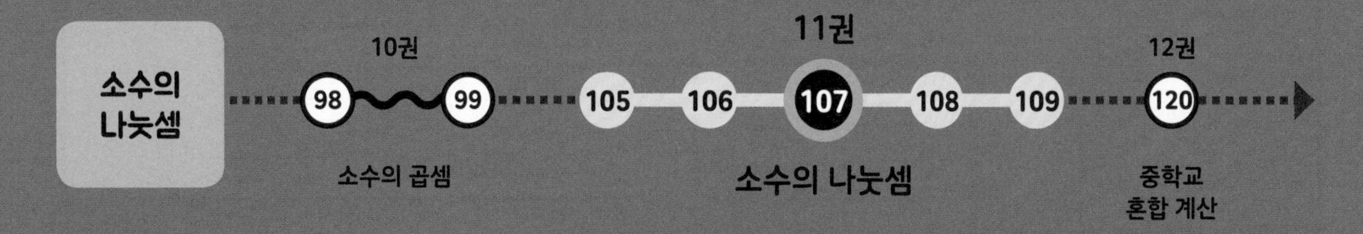

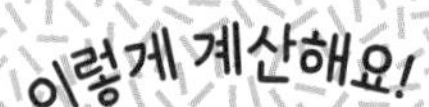

소수의 나눗셈 ❶

나누는 수가 소수일 때는 나누는 수를 자연수로 만들고 나서 계산해요.

자릿수가 같은 소수끼리의 나눗셈은 두 가지 방법으로 계산할 수 있어요.

방법 1 소수의 나눗셈을 분수의 나눗셈으로 바꾸어 계산해요.

$$3.5 \div 0.7 = \frac{35}{10} \div \frac{7}{10} = 35 \div 7 = 5$$

나누어지는 수와 나누는 수 모두 자연수가 되었어요.

방법 2 나누는 수가 자연수가 되도록 소수점을 오른쪽으로 옮겨서 계산해요.
이때 나누어지는 수도 나누는 수와 똑같이 소수점의 위치를 옮겨 줘야 해요.
나누는 수와 나누어지는 수의 소수점을 똑같이 옮기면 몫은 변하지 않아요.

```
0.7)3.5   ➡      5   |      5
               7)35  |  0.7)3.5
                 35  |      35
                  0  |       0
```

나누는 수의 소수점을 옮기는 만큼 나누어지는 수의 소수점도 똑같이 옮깁니다. 이때 소수점 아래 자릿수가 같으면 (자연수)÷(자연수)가 됩니다.

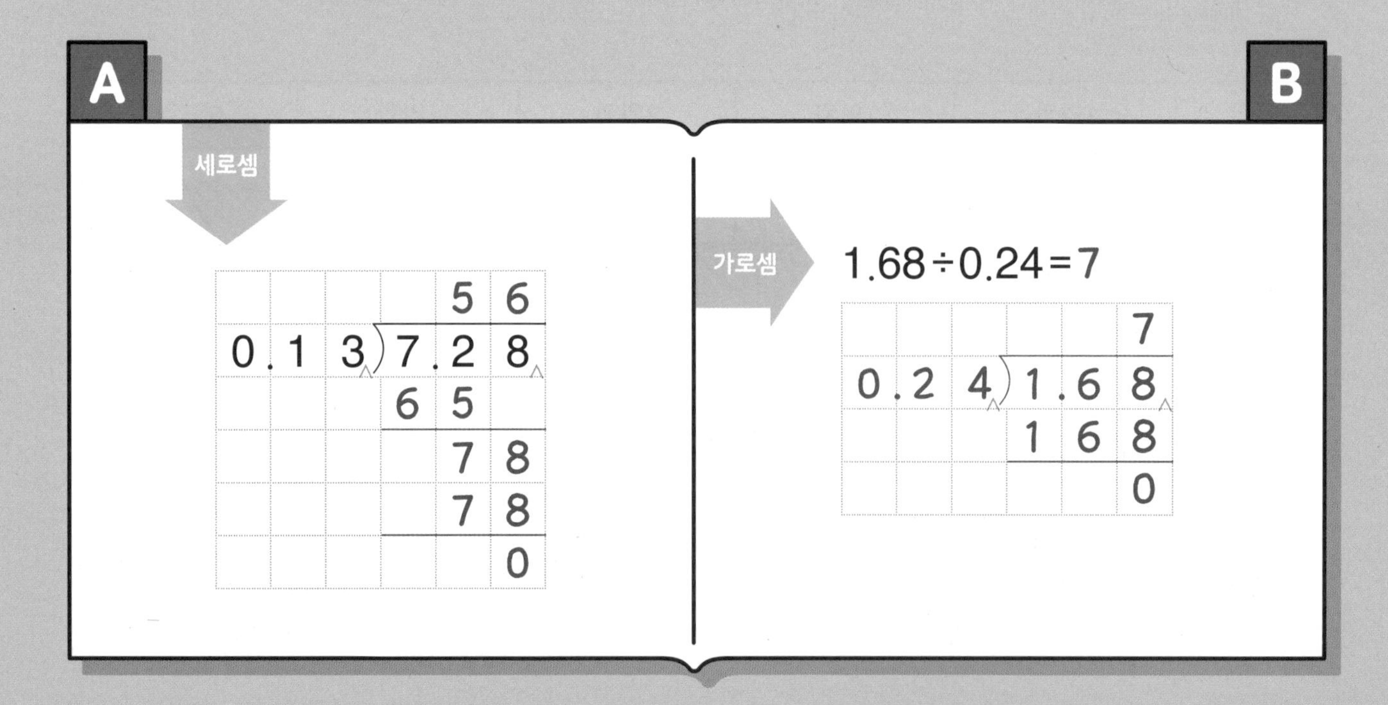

소수의 나눗셈 ①

A

월 일 /12

나누는 수와 나누어지는 수의 소수점을 똑같이 오른쪽으로 한 자리씩 옮겨요.

① 0.2)1.2 → 6, 12, 0

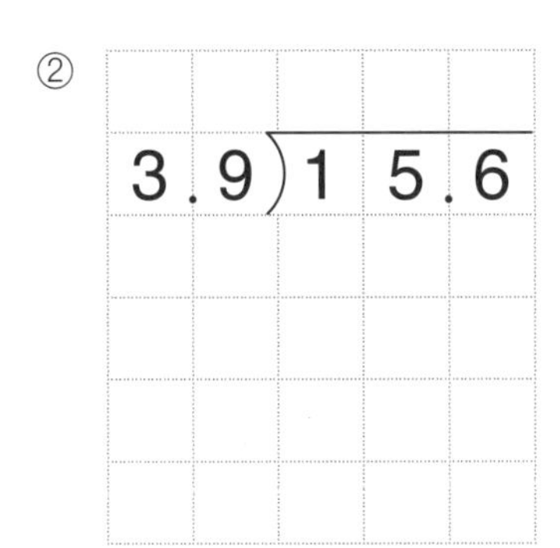

⑤ 0.67)5.36

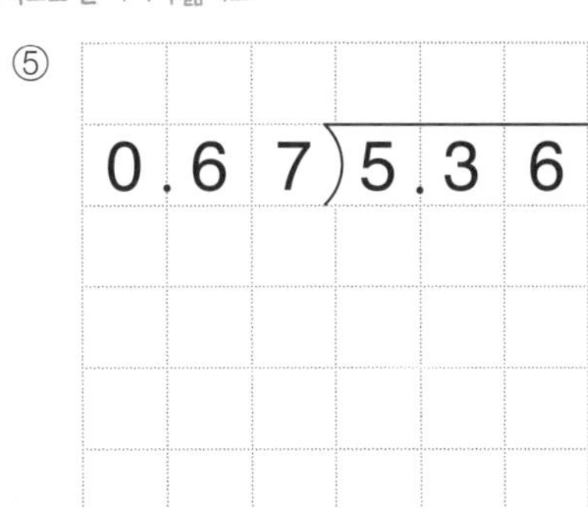

⑨ 1.4)11.2

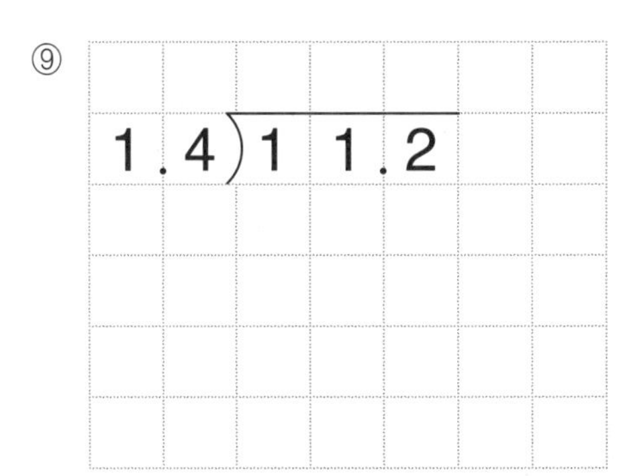

② 3.9)15.6

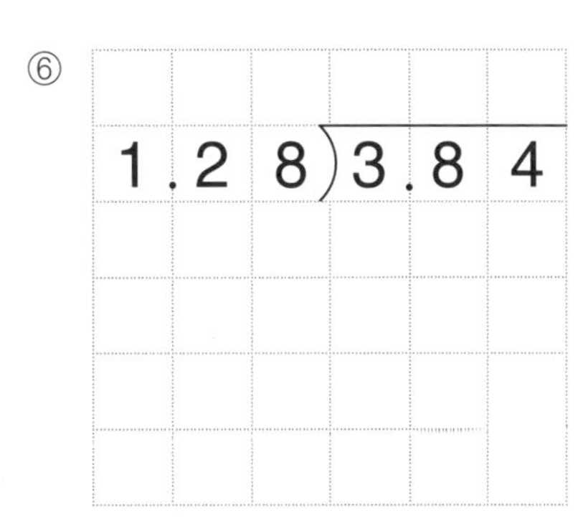

⑥ 1.28)3.84

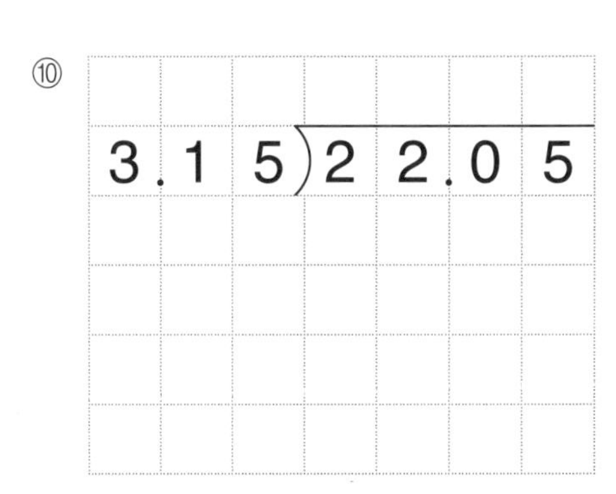

⑩ 3.15)22.05

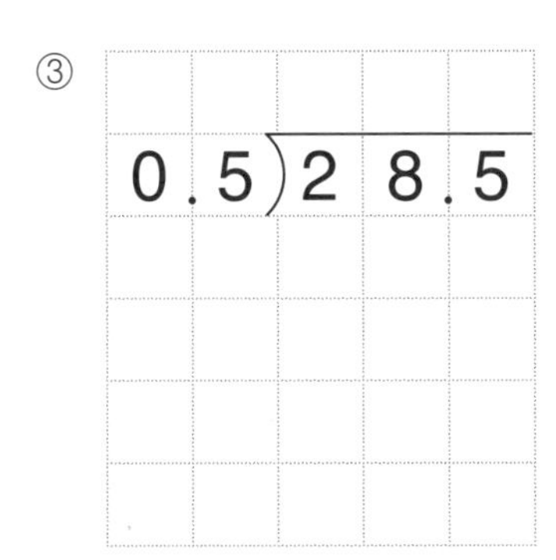

③ 0.5)28.5

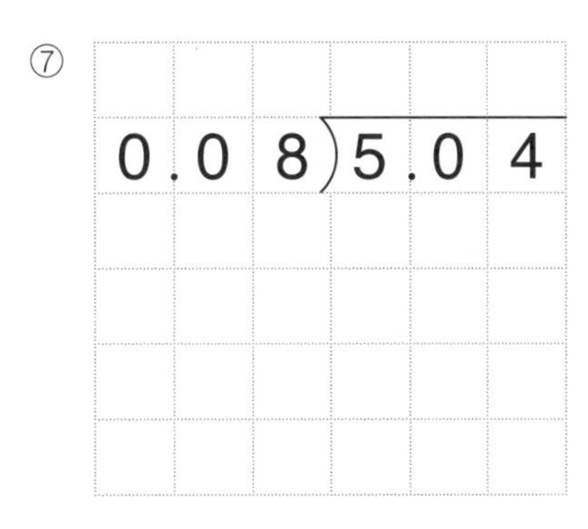

⑦ 0.08)5.04

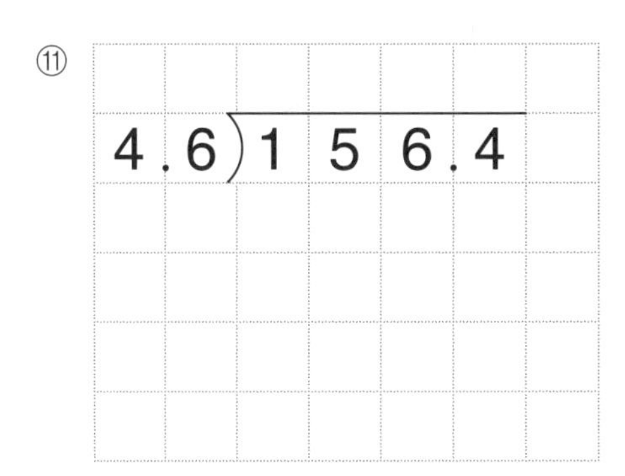

⑪ 4.6)156.4

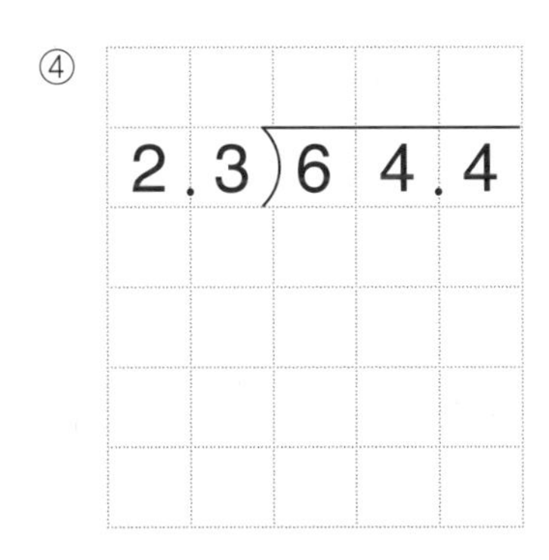

④ 2.3)64.4

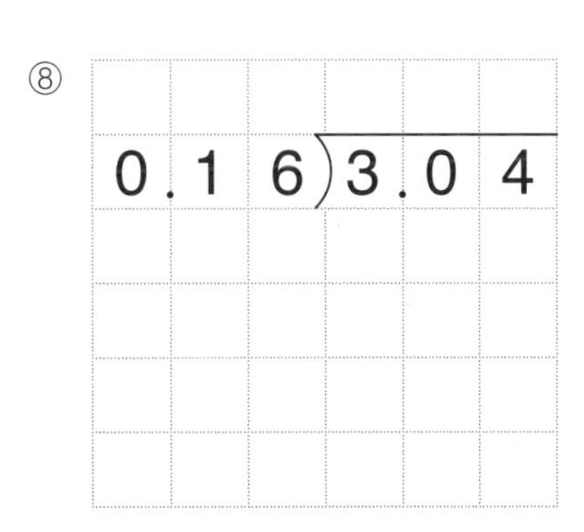

⑧ 0.16)3.04

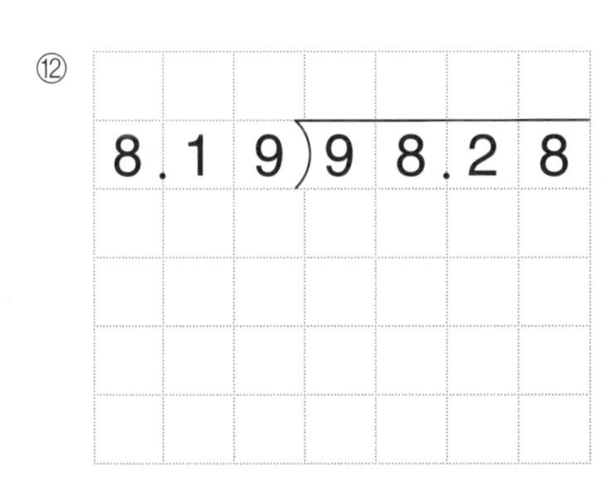

⑫ 8.19)98.28

소수의 나눗셈 ❶

① $1.5 \div 0.5 =$

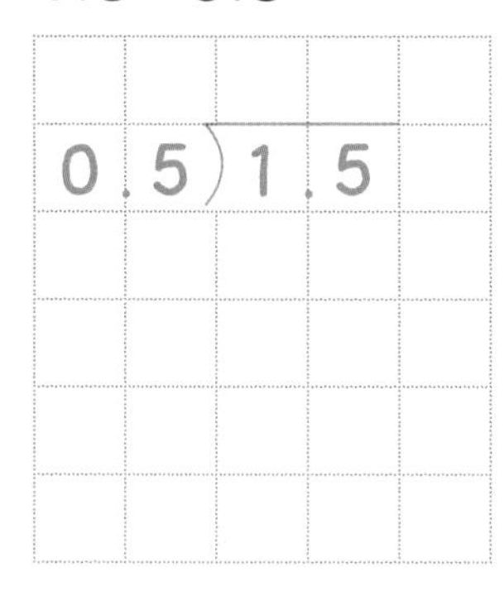

④ $98.8 \div 7.6 =$

⑦ $50.43 \div 1.23 =$

② $48.6 \div 1.8 =$

⑤ $0.16 \div 0.08 =$

⑧ $65.12 \div 4.07 =$

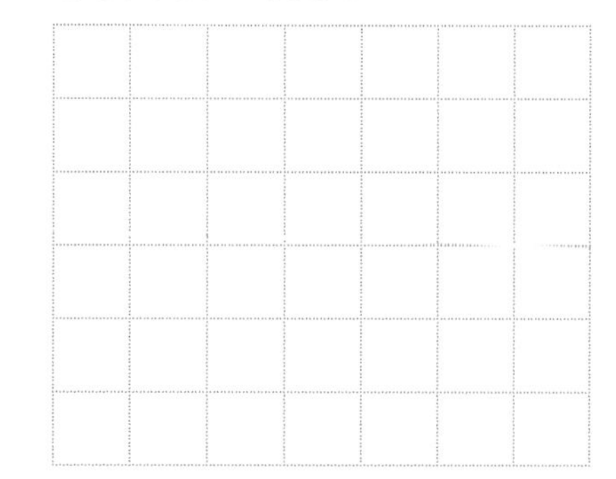

③ $76.8 \div 2.4 =$

⑥ $7.67 \div 0.59 =$

⑨ $10.24 \div 5.12 =$

소수의 나눗셈 ❶

A

월 일 /12

나누는 수와 나누어지는 수의 소수점을 똑같이 오른쪽으로 한 자리씩 옮겨요.

① $0.3\overline{)2.4}$ (예시: 몫 8, 24, 0)

⑤ $0.75\overline{)2.25}$

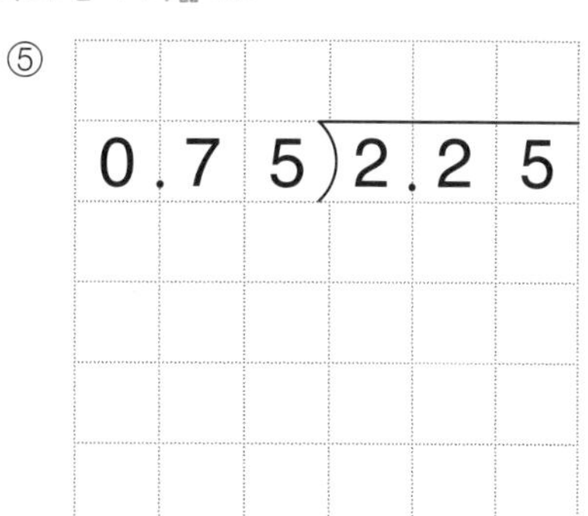

⑨ $1.8\overline{)16.2}$

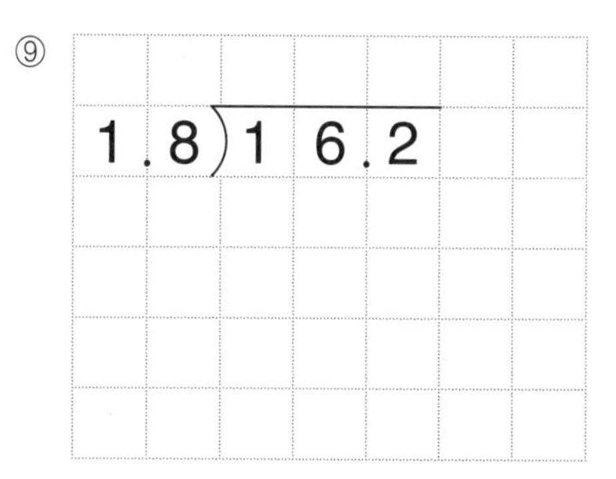

② $4.7\overline{)23.5}$

⑥ $2.14\overline{)8.56}$

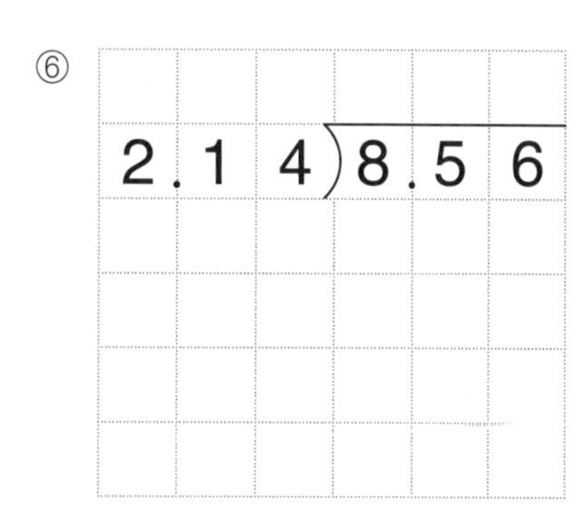

⑩ $5.22\overline{)31.32}$

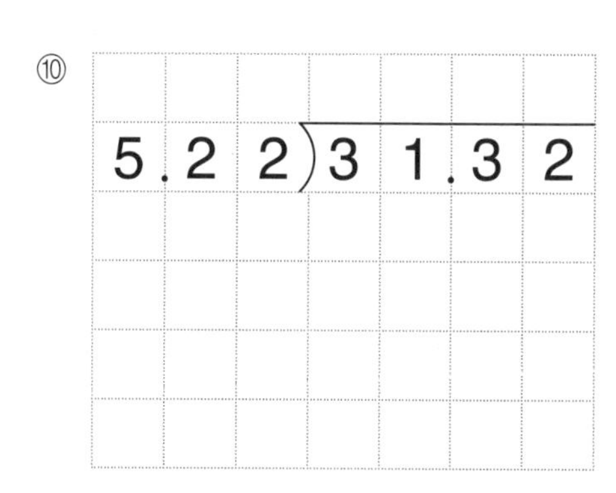

③ $0.6\overline{)7.2}$

⑦ $0.16\overline{)4.32}$

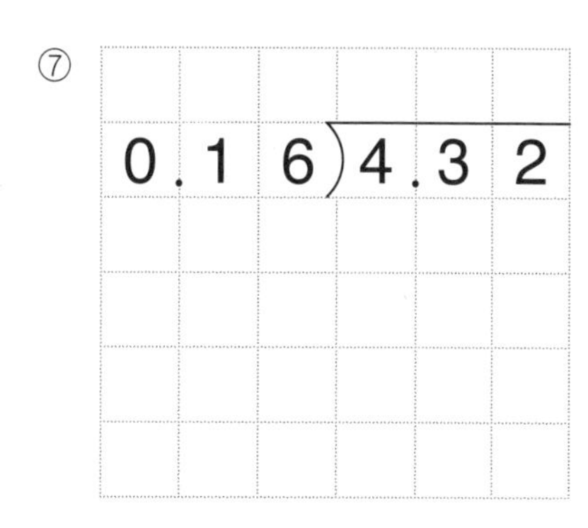

⑪ $9.1\overline{)218.4}$

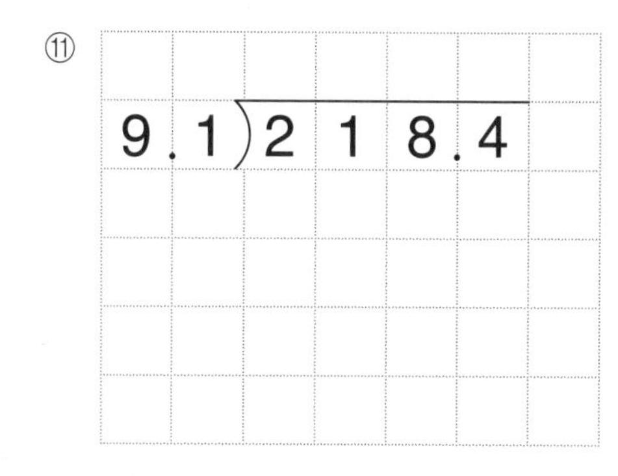

④ $2.5\overline{)82.5}$

⑧ $0.26\overline{)9.62}$

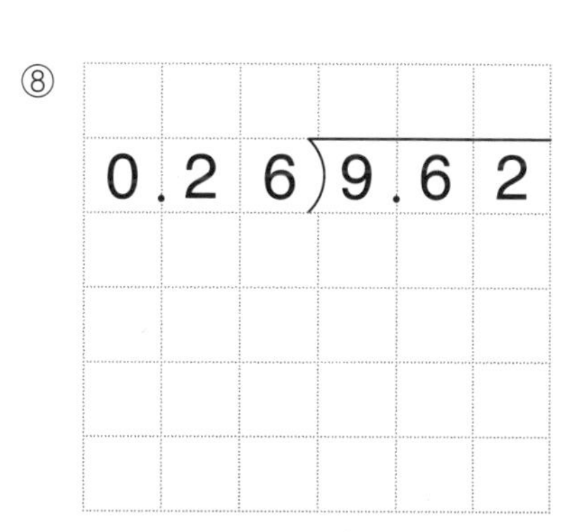

⑫ $6.32\overline{)69.52}$

2 Day 소수의 나눗셈 ❶

B

① $4.5 \div 0.9 =$

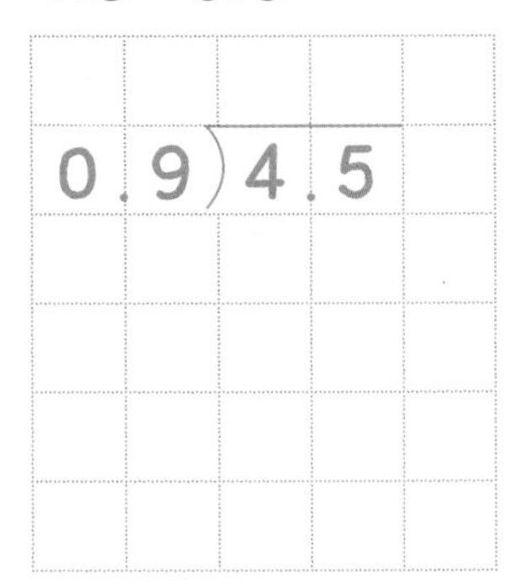

② $97.5 \div 6.5 =$

③ $34.2 \div 0.3 =$

④ $45.9 \div 1.7 =$

⑤ $7.54 \div 0.26 =$

⑥ $8.64 \div 0.08 =$

⑦ $73.32 \div 2.82 =$

⑧ $56.03 \div 4.31 =$

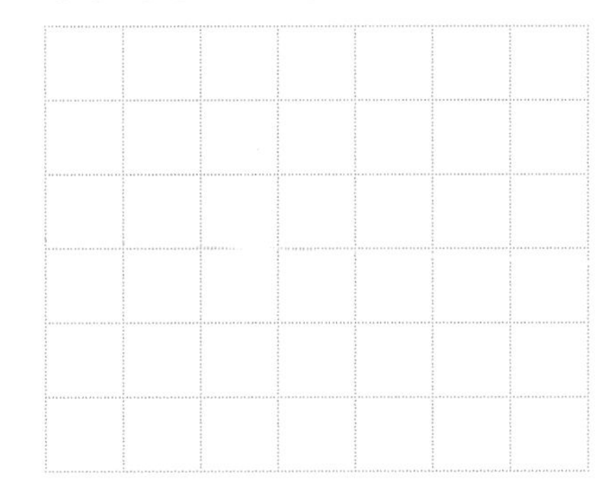

⑨ $42.51 \div 1.09 =$

소수의 나눗셈 ❶

A

월 일 /12

나누는 수와 나누어지는 수의 소수점을 똑같이 오른쪽으로 한 자리씩 옮겨요.

① $0.7\overline{)2.8}$ → 4 (2 8, 0)

② $5.2\overline{)31.2}$

③ $0.3\overline{)8.7}$

④ $6.8\overline{)95.2}$

⑤ $0.48\overline{)4.32}$

⑥ $3.06\overline{)6.12}$

⑦ $0.09\overline{)5.49}$

⑧ $0.21\overline{)9.03}$

⑨ $8.4\overline{)58.8}$

⑩ $1.35\overline{)6.75}$

⑪ $9.1\overline{)318.5}$

⑫ $3.14\overline{)87.92}$

107단계

3 Day 소수의 나눗셈 ❶

B

월 일 /9

① $1.2 \div 0.4 =$

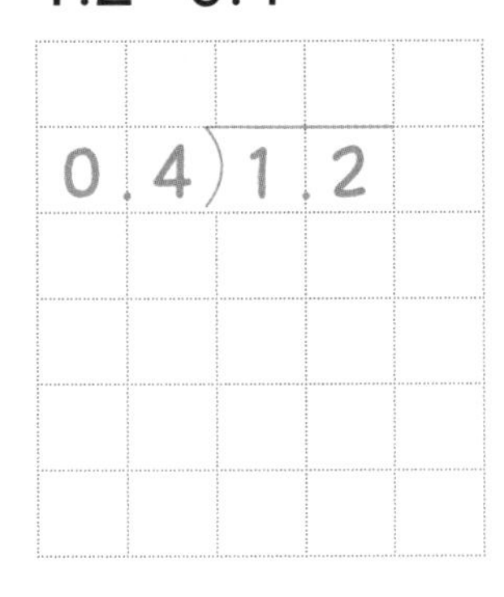

④ $522.6 \div 1.3 =$

⑦ $781.5 \div 52.1 =$

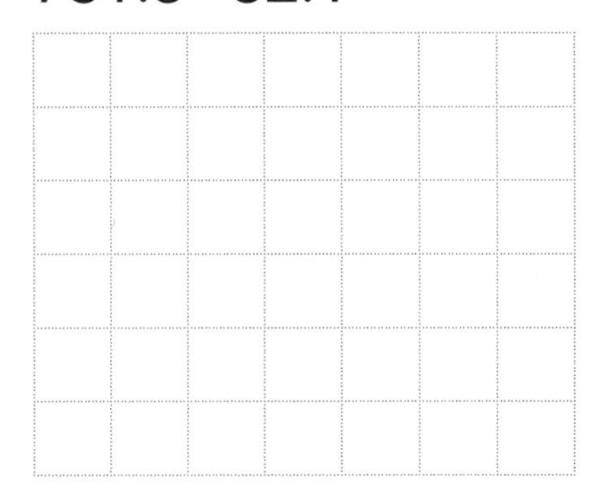

② $85.8 \div 2.6 =$

⑤ $1.26 \div 0.18 =$

⑧ $99.04 \div 6.19 =$

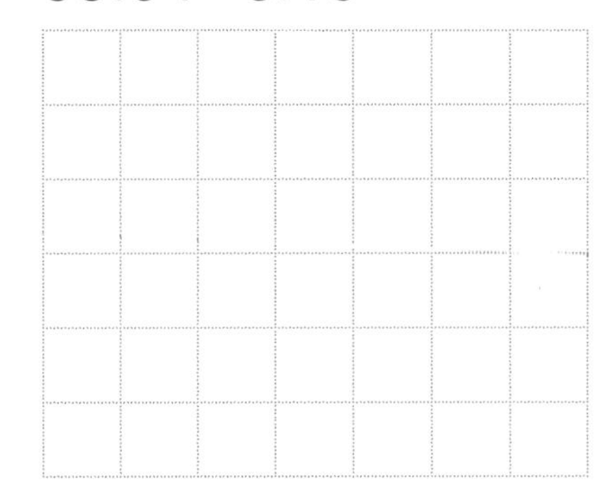

③ $55.6 \div 0.2 =$

⑥ $4.68 \div 0.02 =$

⑨ $37.75 \div 1.51 =$

소수의 나눗셈 ❶

A

월 일 /12

나누는 수와 나누어지는 수의 소수점을 똑같이 오른쪽으로 한 자리씩 옮겨요.

① 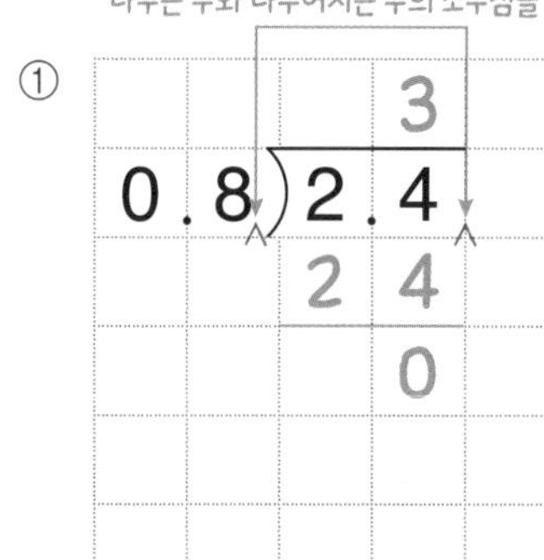

⑤ 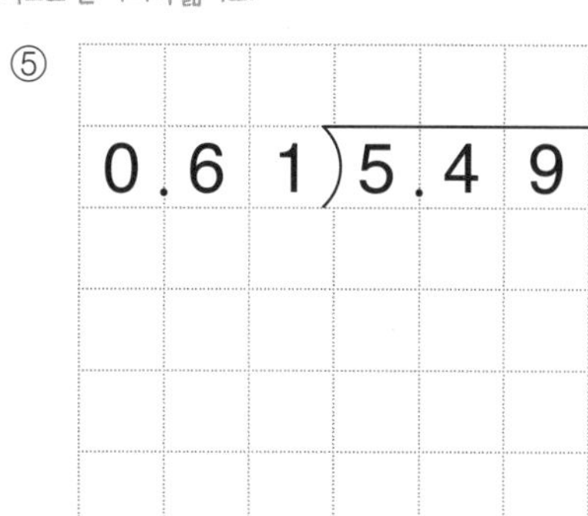

⑨ 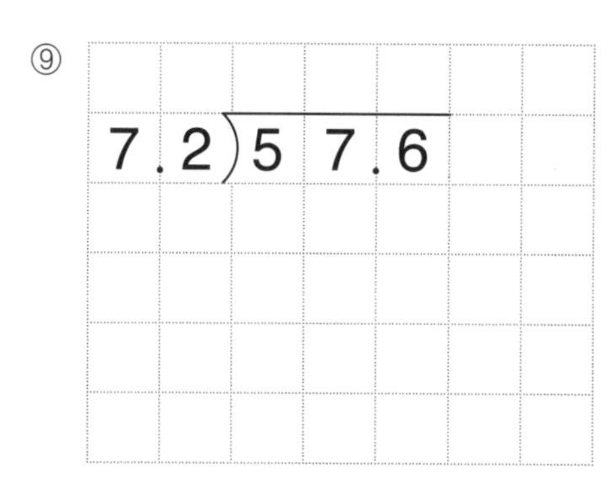

② 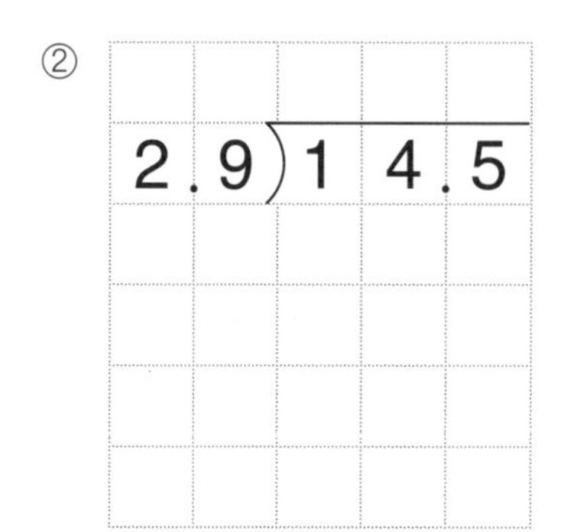

⑥ 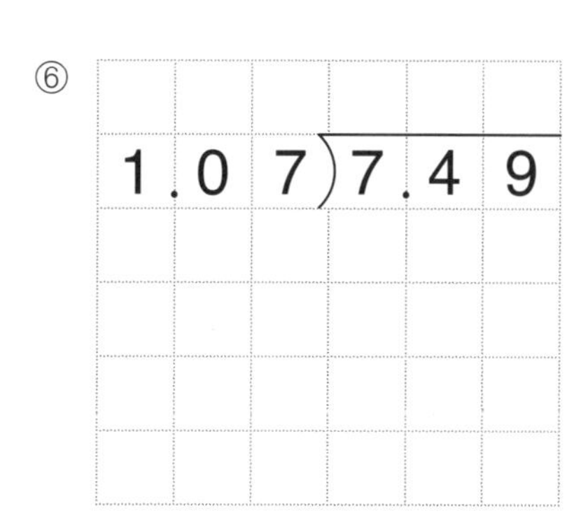

⑩ 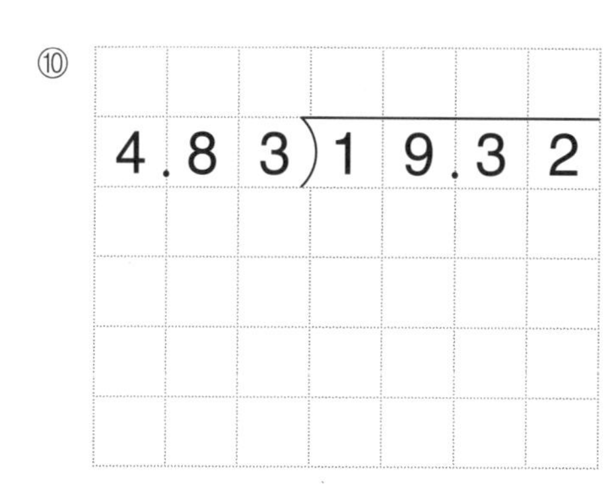

③ 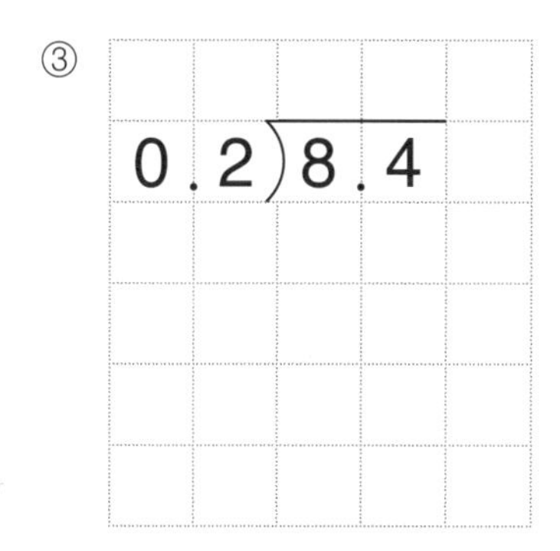

⑦ 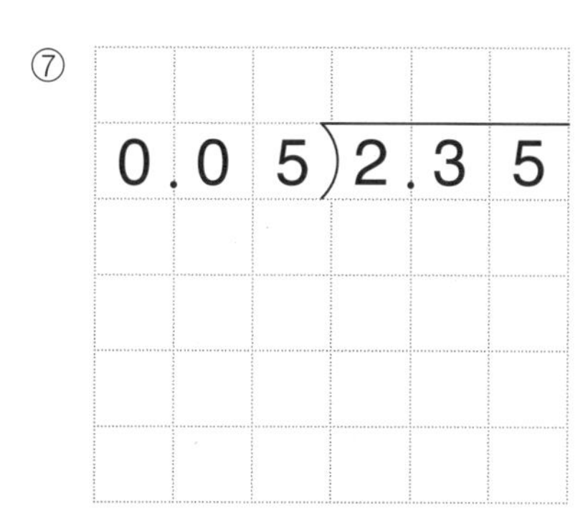

⑪ 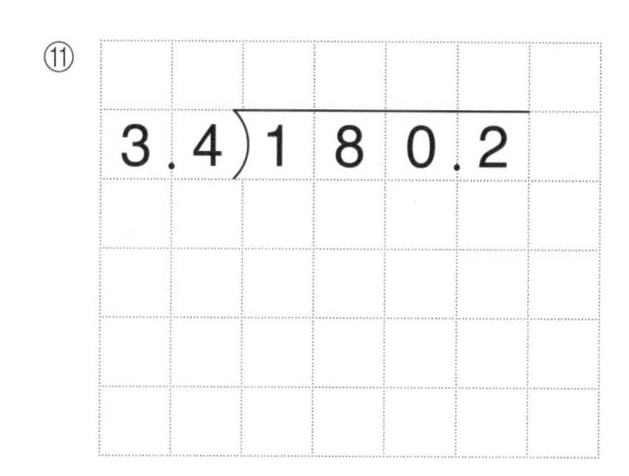

④ 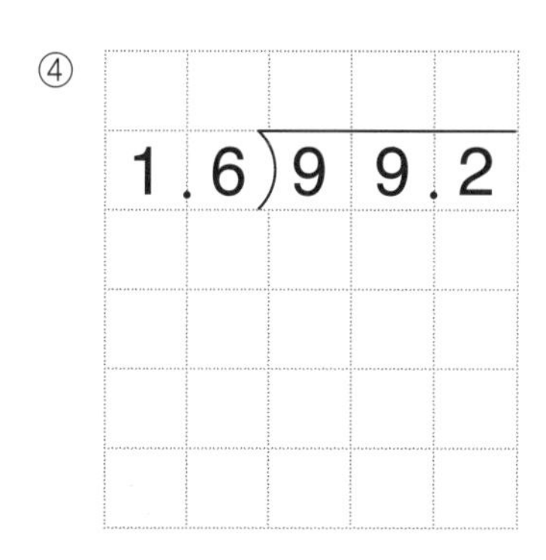

⑧ 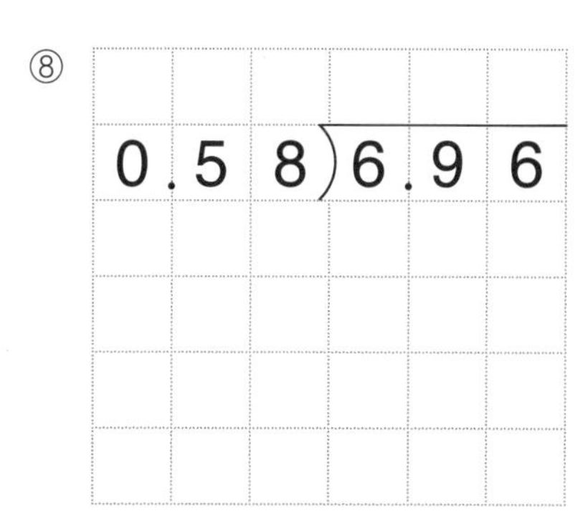

⑫ 1.72)48.16

4 Day 소수의 나눗셈 ❶

① $4.2 \div 0.6 =$

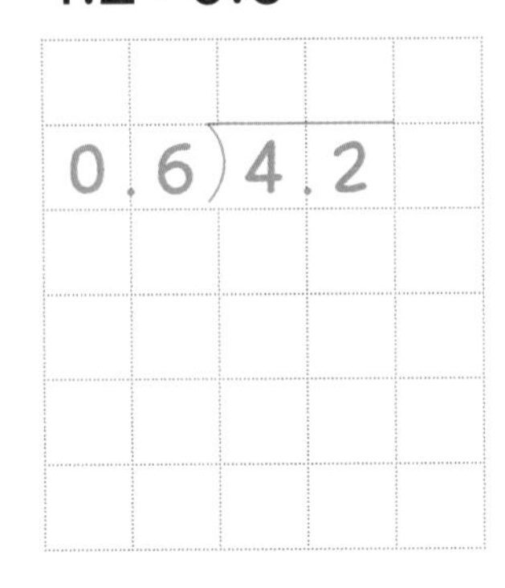

② $81.6 \div 2.4 =$

③ $79.5 \div 5.3 =$

④ $202.5 \div 7.5 =$

⑤ $8.73 \div 0.97 =$

⑥ $932.4 \div 4.2 =$

⑦ $76.14 \div 1.62 =$

⑧ $37.73 \div 3.43 =$

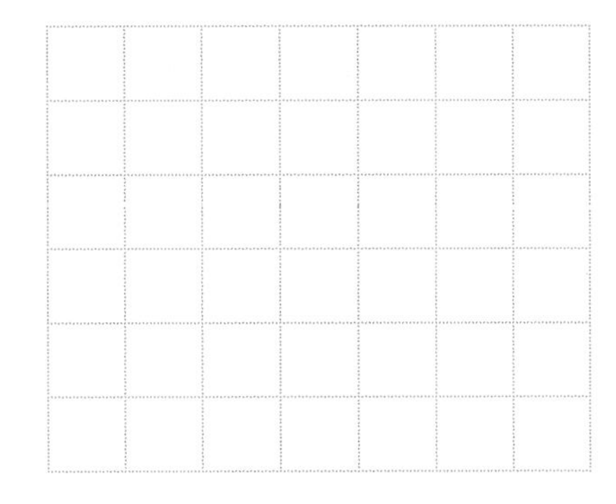

⑨ $80.56 \div 0.76 =$

소수의 나눗셈 ❶

A

월 일 /12

나누는 수와 나누어지는 수의 소수점을 똑같이 오른쪽으로 한 자리씩 옮겨요.

① $0.9\overline{)1.8}$ → 2 (18, 0)

②

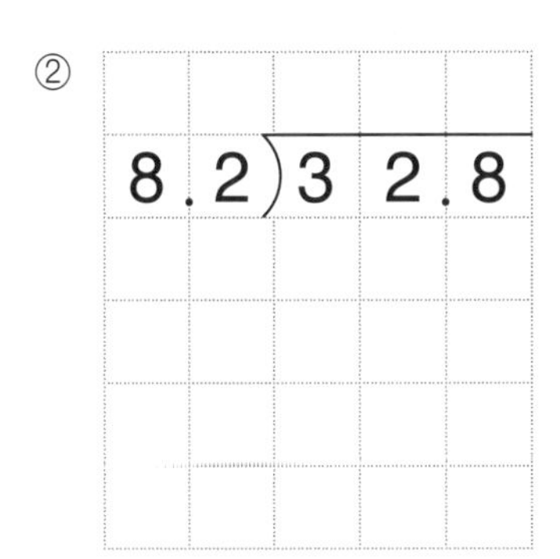

③

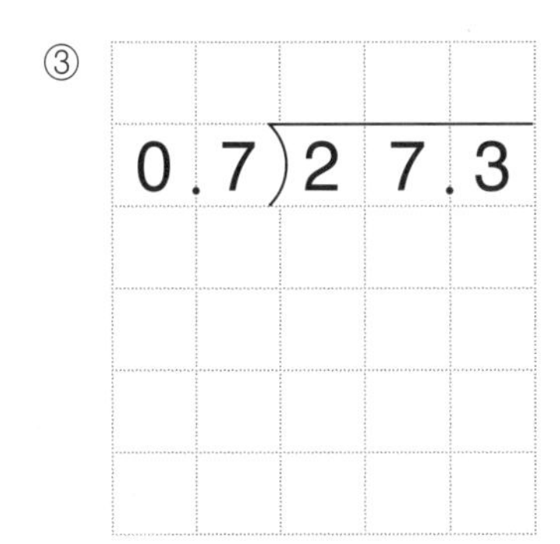

④

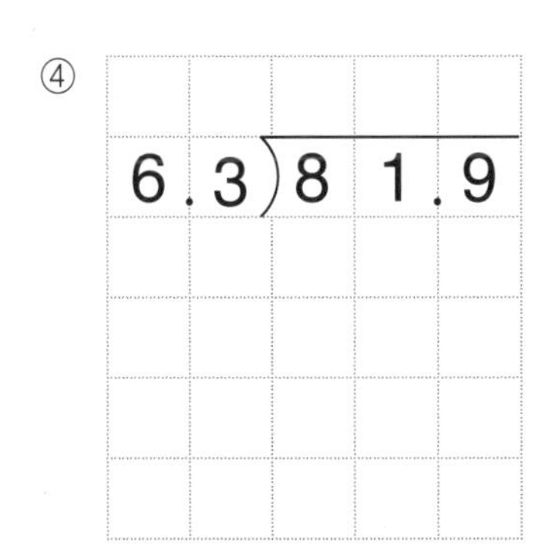

⑤

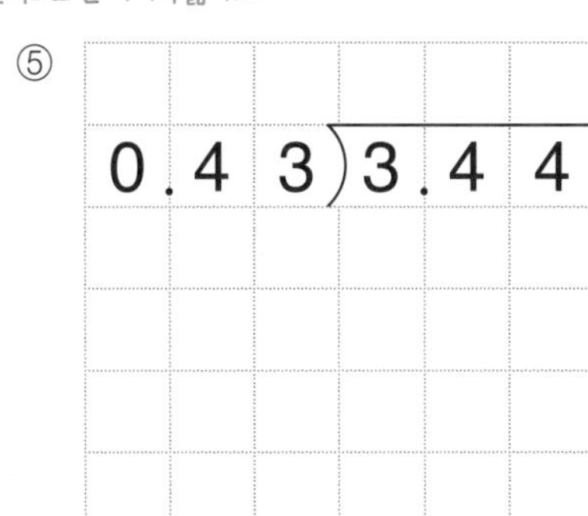

⑥

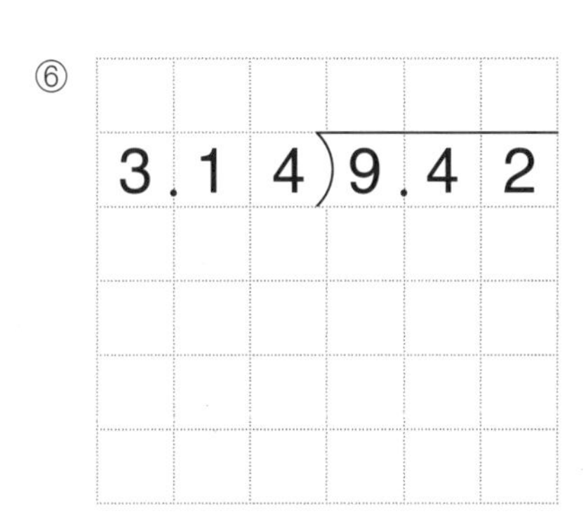

⑦

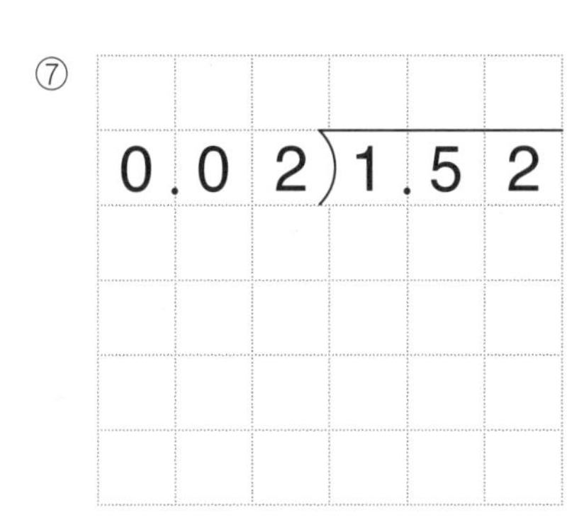

⑧

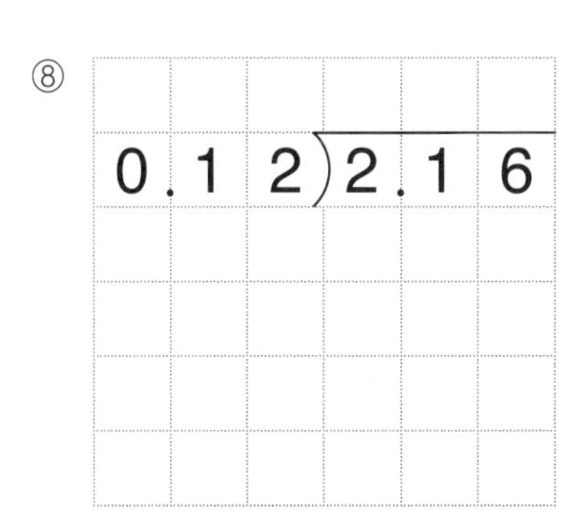

⑨

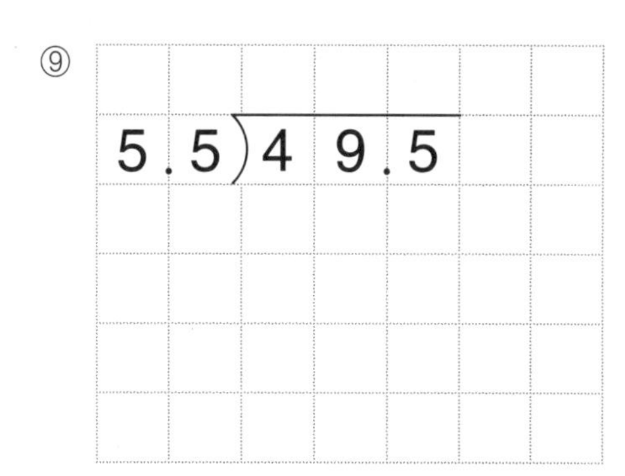

⑩

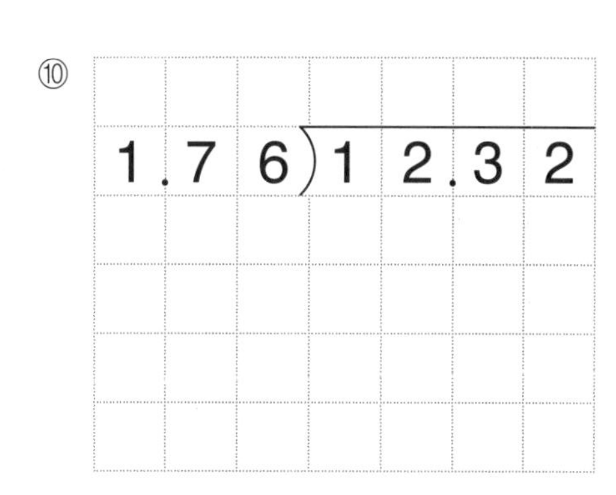

⑪

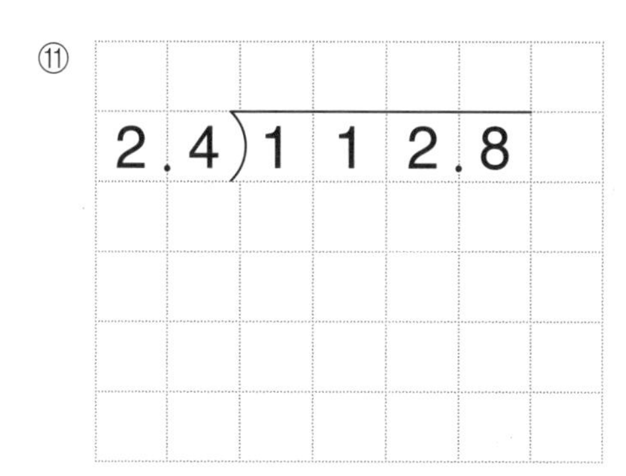

⑫ $0.98\overline{)22.54}$

5 Day 소수의 나눗셈 ❶

B

월 일 /9

① $2.1 \div 0.3 =$

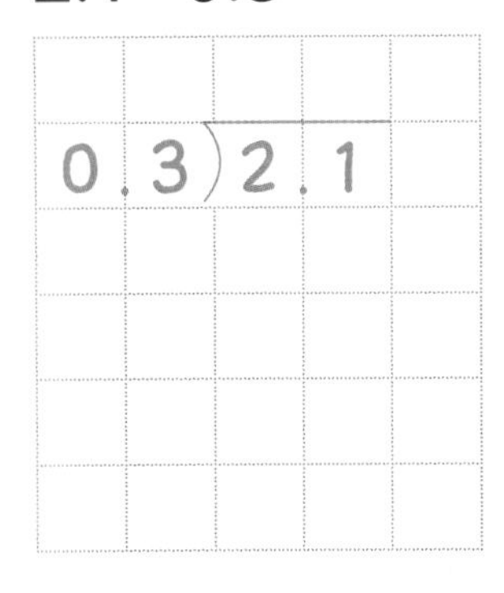

② $74.8 \div 1.7 =$

③ $98.4 \div 0.8 =$

④ $828.2 \div 8.2 =$

⑤ $95.4 \div 10.6 =$

⑥ $8.12 \div 0.14 =$

⑦ $65.75 \div 2.63 =$

⑧ $15.36 \div 0.48 =$

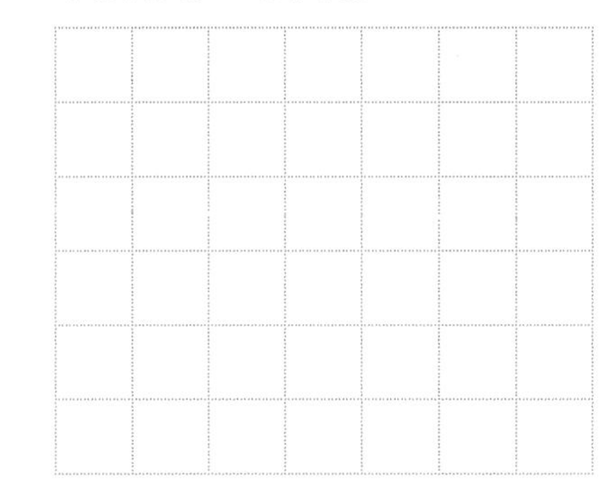

⑨ $59.85 \div 3.15 =$

소수의 나눗셈 ❷

▶ 학습계획 : 매일 공부할 날짜를 정하고, 계획에 맞게 공부하세요.

일차	1일차	2일차	3일차	4일차	5일차
날짜	/	/	/	/	/

▶ 학습연계 : 지금 무엇을 배우는지 확인하고, 이전에 배운 단계와 앞으로 배울 단계를 살펴보세요.

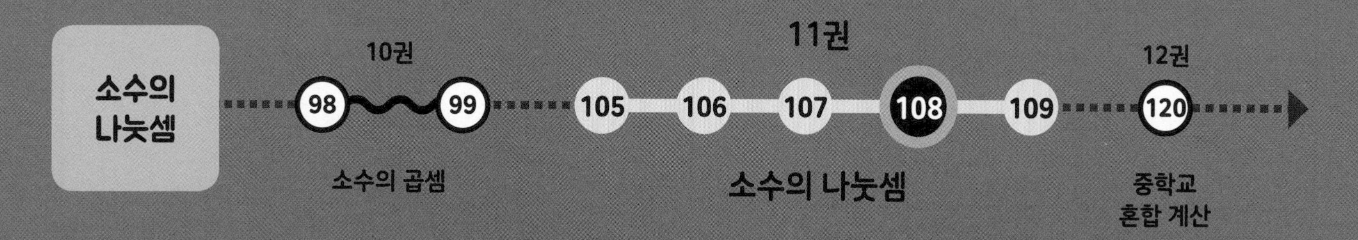

108 소수의 나눗셈 ❷

두 소수의 자릿수가 다르면 몫의 소수점은 나누어지는 수의 옮겨진 소수점 위치에 맞춰요.

자릿수가 다른 소수의 나눗셈도 나누는 수를 자연수로 만들어서 계산해요.
소수를 분수로 바꾸거나 소수점을 옮기는 방법을 이용해 나누는 수를 자연수로 만듭니다.

방법 1 소수의 나눗셈을 분수의 나눗셈으로 바꾸어 계산해요.

$$20.64 \div 8.6 = \frac{206.4}{10} \div \frac{86}{10} = 206.4 \div 86 = 2.4$$

(206.4: 소수, 86: 자연수)

방법 2 나누는 수가 자연수가 되도록 나누는 수와 나누어지는 수의 소수점을 똑같이 옮겨서 계산해요.

$8.6\overline{)20.64}$ →

				2	. 4
8	6	) 2	0	6	. 4
		1	7	2	
			3	4	4
			3	4	4
					0

몫의 소수점은 나누어지는 수의 옮긴 소수점의 위치에 맞춰 찍어요.

				2	. 4
8	. 6	) 2	0	. 6	4
		1	7	2	
			3	4	4
			3	4	4
					0

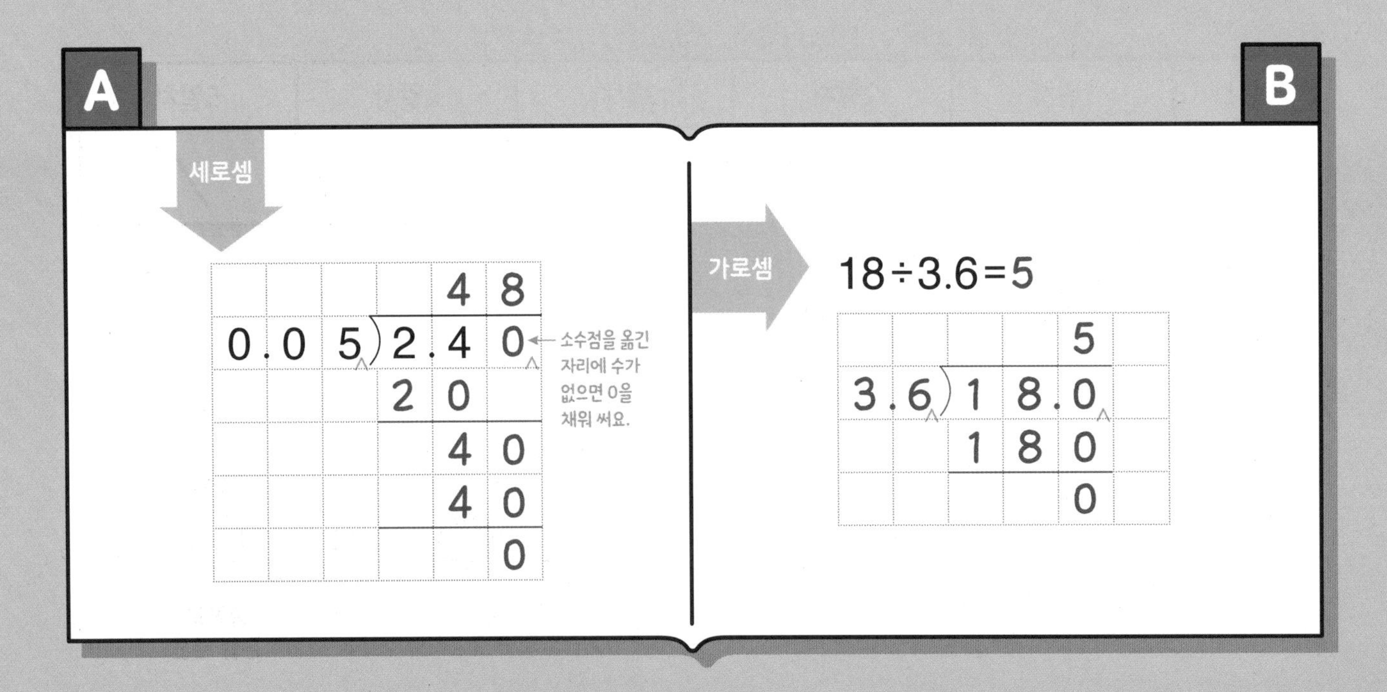

A 세로셈

				4	8
0	. 0	5	) 2	. 4	0
			2	0	
				4	0
				4	0
					0

B 가로셈

18÷3.6=5

				5
3	. 6	) 1	8	. 0
		1	8	0
				0

소수의 나눗셈 ②

A

월 일 /12

★ 나누어떨어질 때까지 나눗셈을 하세요.

몫의 소수점은 나누어지는 수의 옮긴 소수점의 위치에 맞춰 찍어요.

①
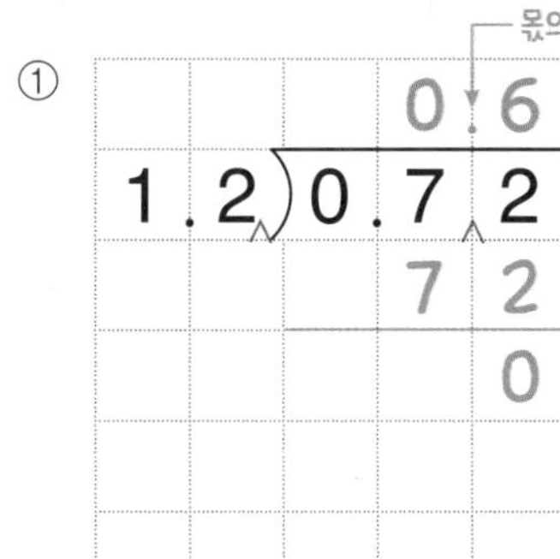

⑤
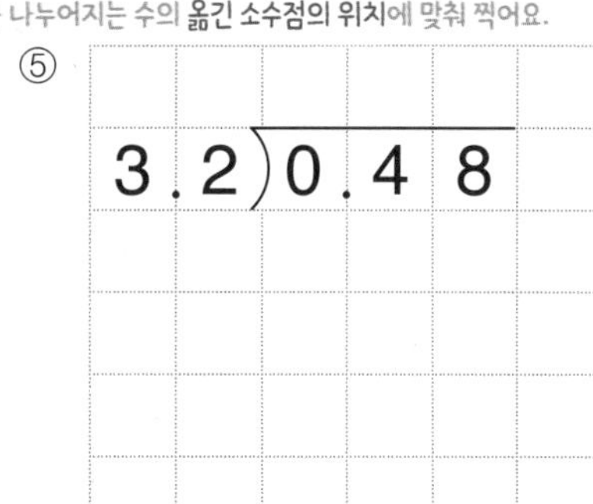

⑨ 2.56)5.888

②
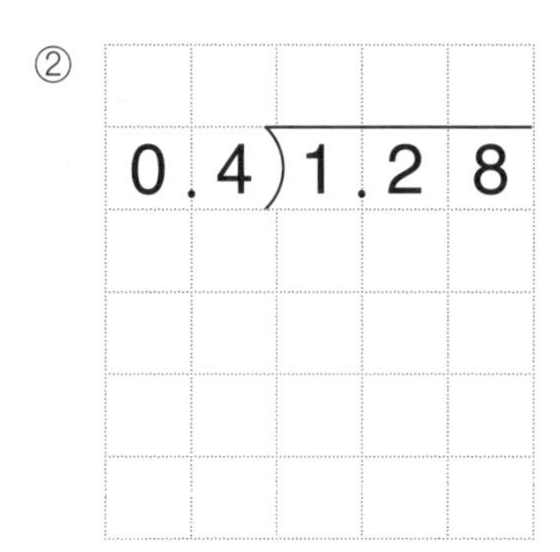

⑥
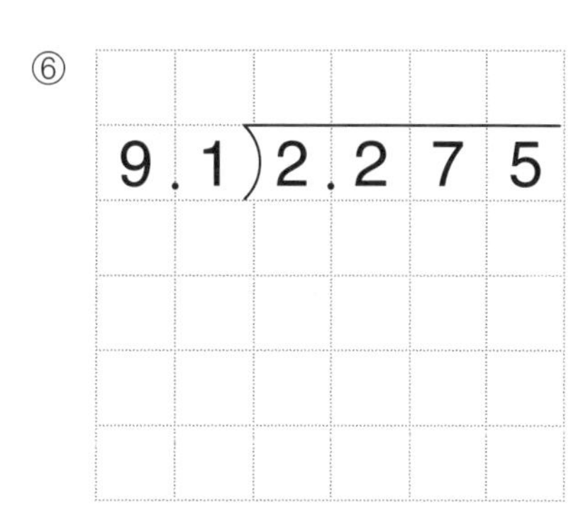

⑩
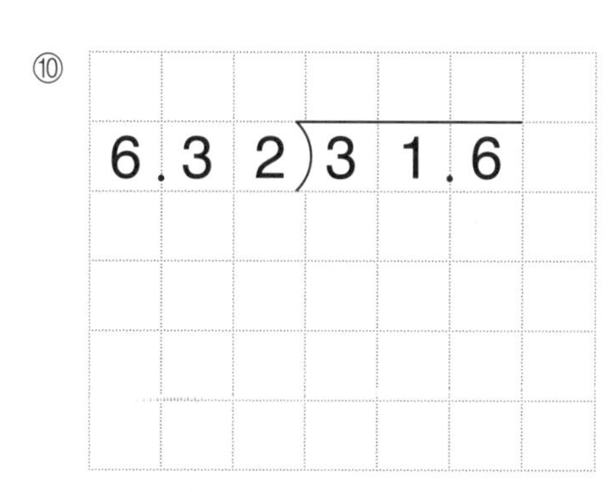

③
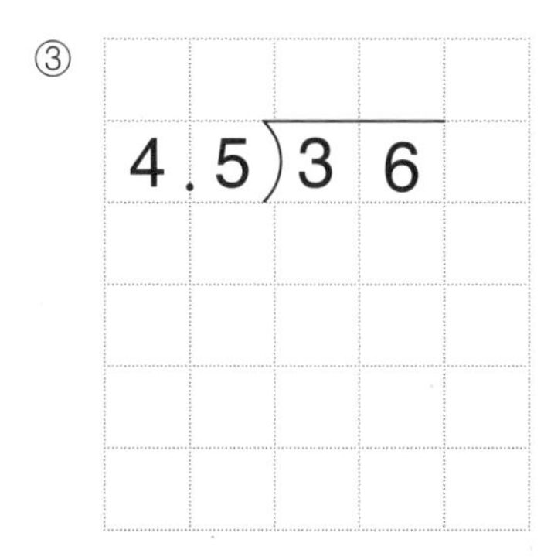

⑦
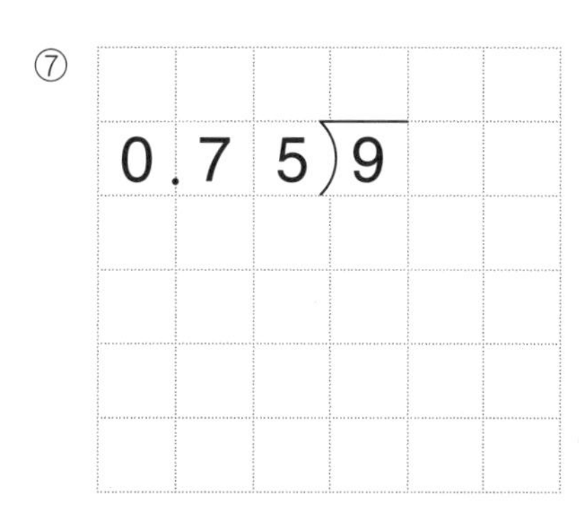

⑪
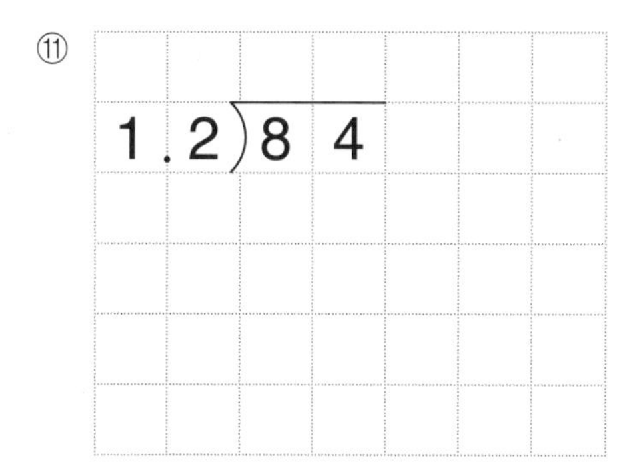

④
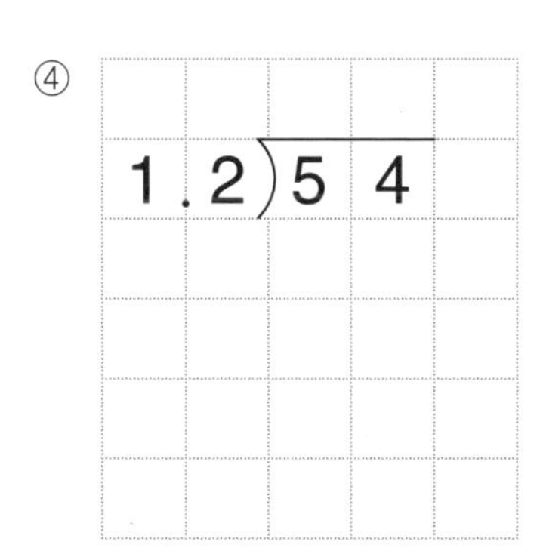

⑧
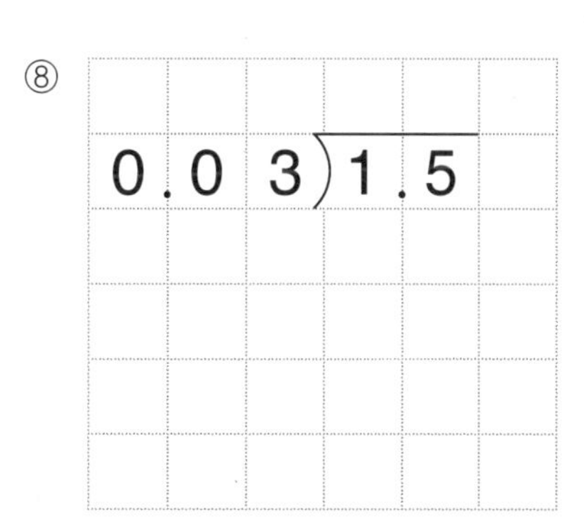

⑫
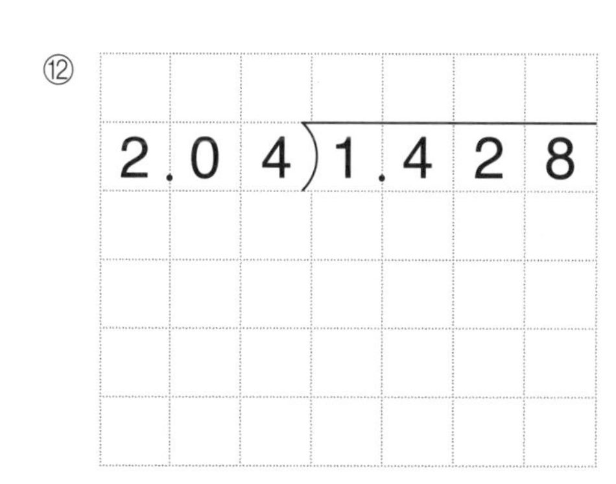

소수의 나눗셈 ❷

B

월 일 /9

★ 나누어떨어질 때까지 나눗셈을 하세요.

① $5.75 \div 2.5 =$

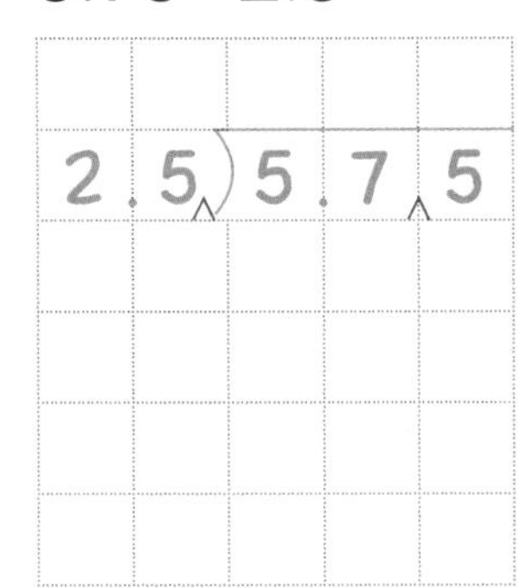

④ $0.531 \div 0.9 =$

⑦ $6.688 \div 4.18 =$

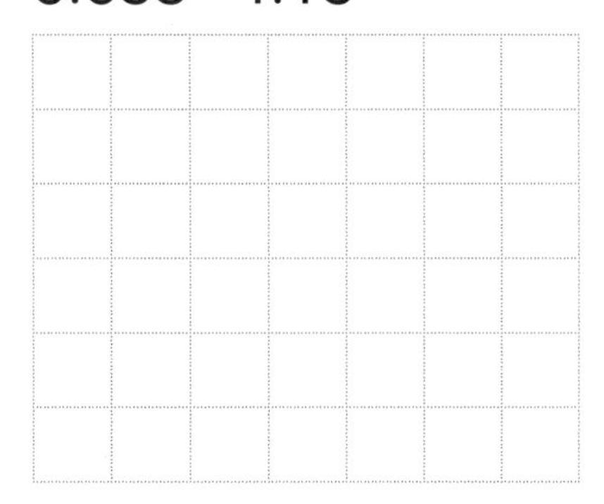

② $30 \div 0.4 =$

⑤ $3.996 \div 3.7 =$

⑧ $15 \div 0.15 =$

③ $30 \div 1.2 =$

⑥ $6.7 \div 1.34 =$

⑨ $9.591 \div 0.23 =$

2 Day 소수의 나눗셈 ❷

A

월 일 /12

★ 나누어떨어질 때까지 나눗셈을 하세요.

몫의 소수점은 나누어지는 수의 **옮긴 소수점의 위치**에 맞춰 찍어요.

①

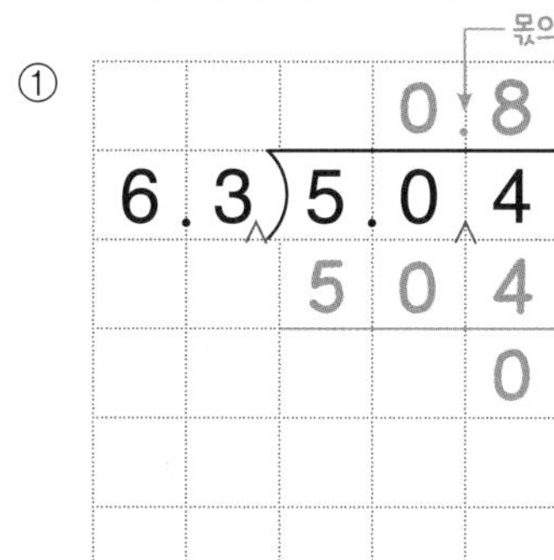

②

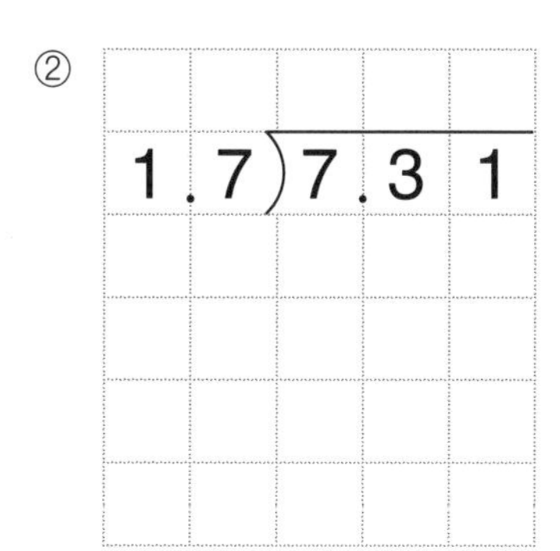

③

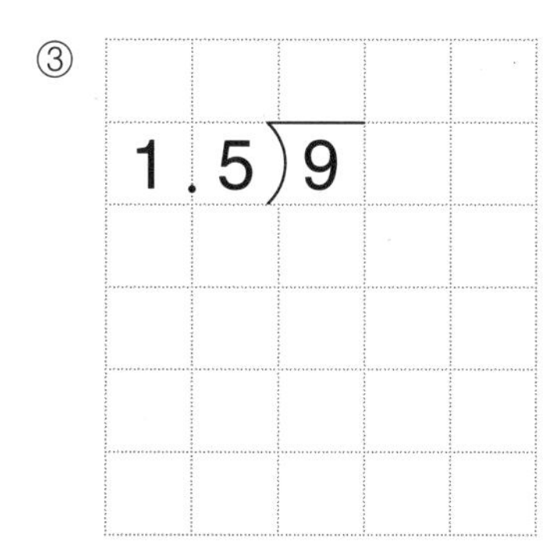

④

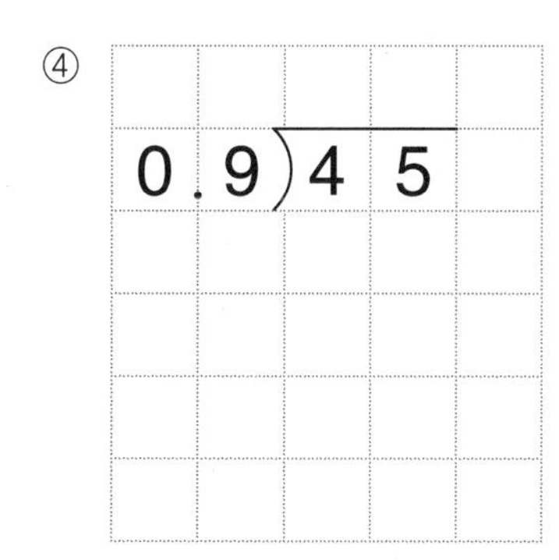

⑤

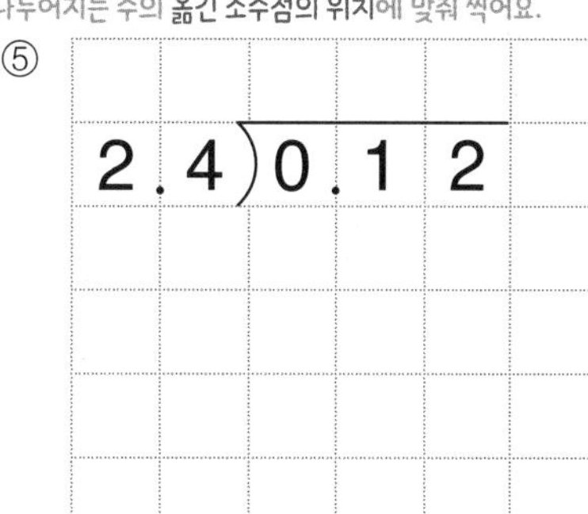

⑥

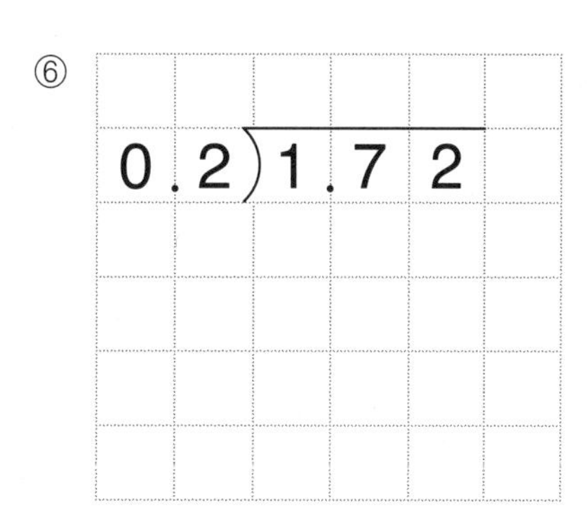

⑦

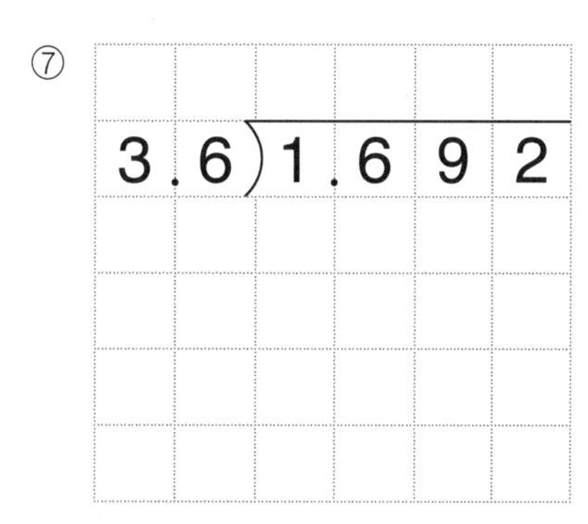

⑧

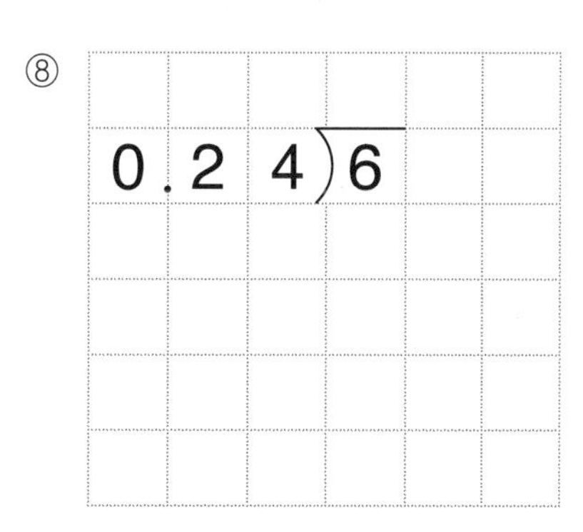

⑨

1.8)0.153

⑩

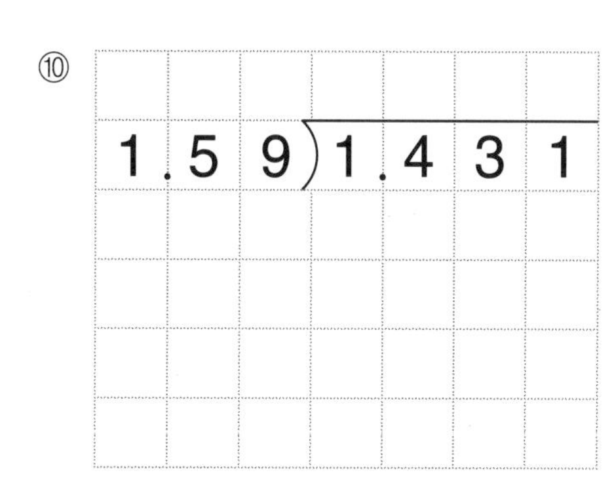

⑪

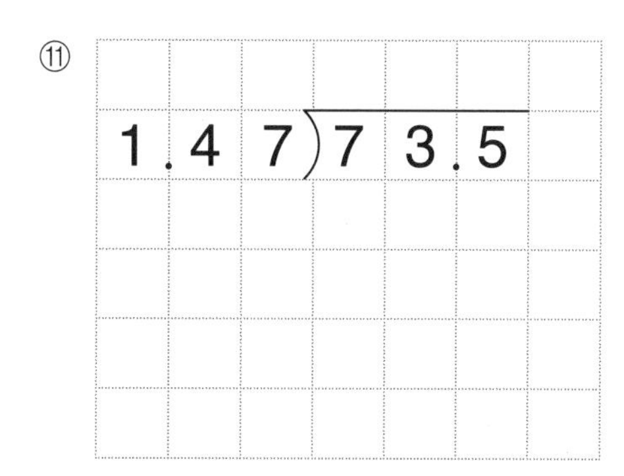

⑫

2.88)9.216

소수의 나눗셈 ❷

★ 나누어떨어질 때까지 나눗셈을 하세요.

① $0.12 \div 0.3 =$

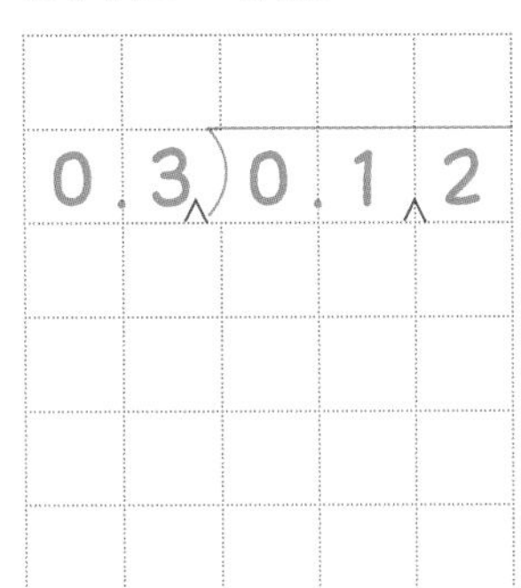

④ $48.24 \div 7.2 =$

⑦ $77.4 \div 2.15 =$

② $8.58 \div 3.9 =$

⑤ $7 \div 0.25 =$

⑧ $5.112 \div 4.26 =$

③ $12 \div 1.5 =$

⑥ $0.104 \div 0.8 =$

⑨ $7.052 \div 0.41 =$

소수의 나눗셈 ❷

A

월 일 /12

★ 나누어떨어질 때까지 나눗셈을 하세요.

몫의 소수점은 나누어지는 수의 **옮긴 소수점의 위치**에 맞춰 찍어요.

①

$$
\begin{array}{r}
37 \\
0.9\overline{)3.33} \\
\underline{27} \\
63 \\
\underline{63} \\
0
\end{array}
$$

⑤

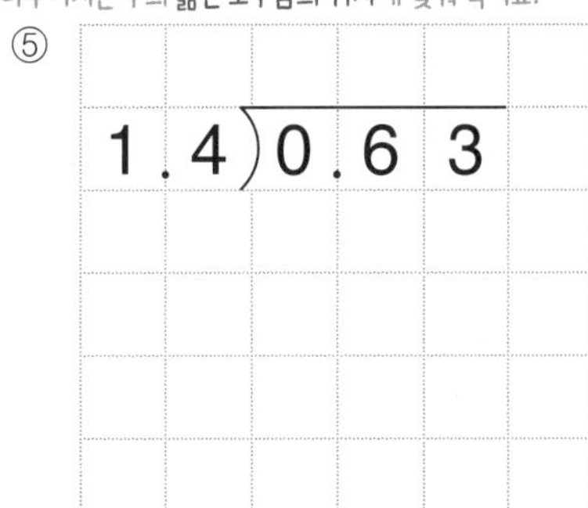

⑨ $2.51\overline{)2.008}$

②

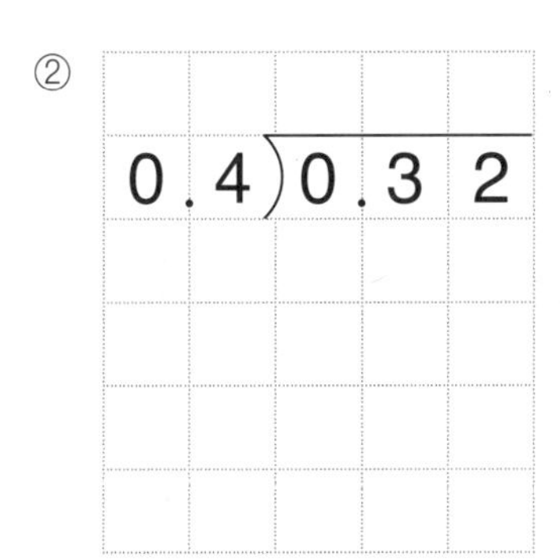

⑥

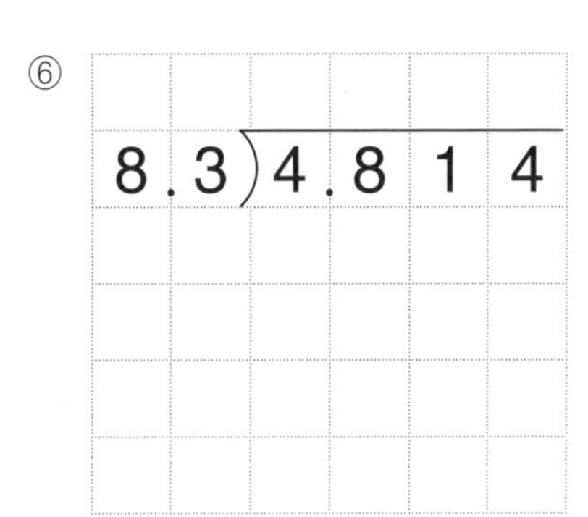

⑩

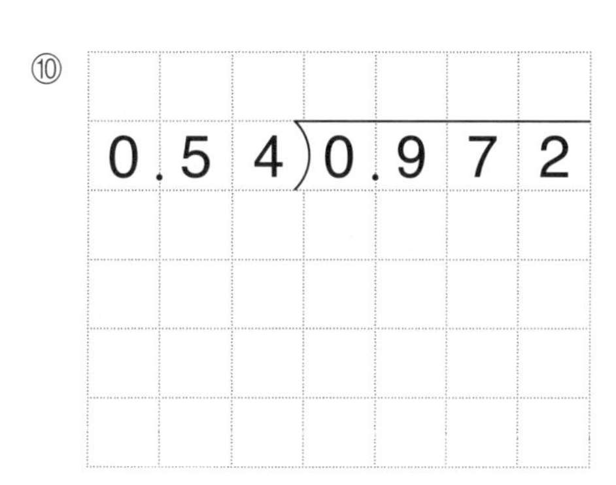

③

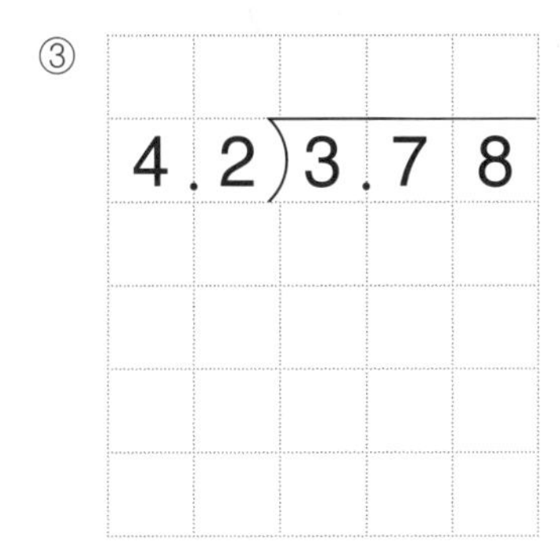

⑦

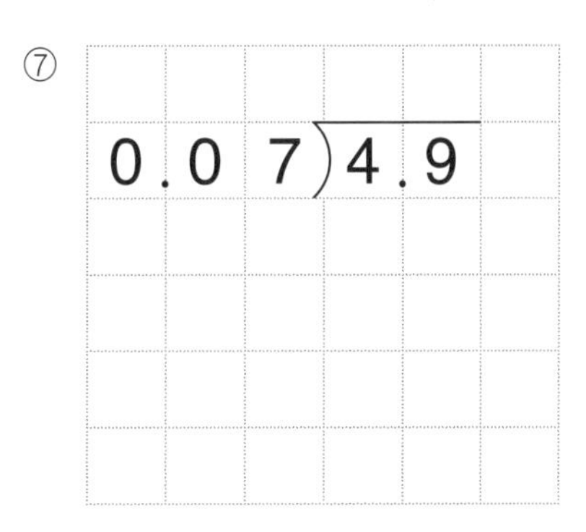

⑪

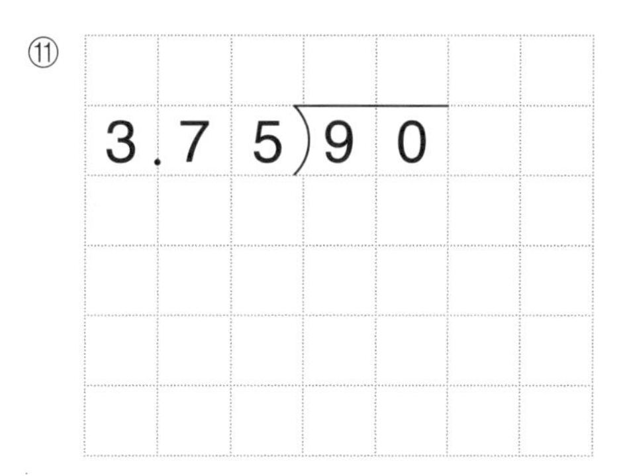

④

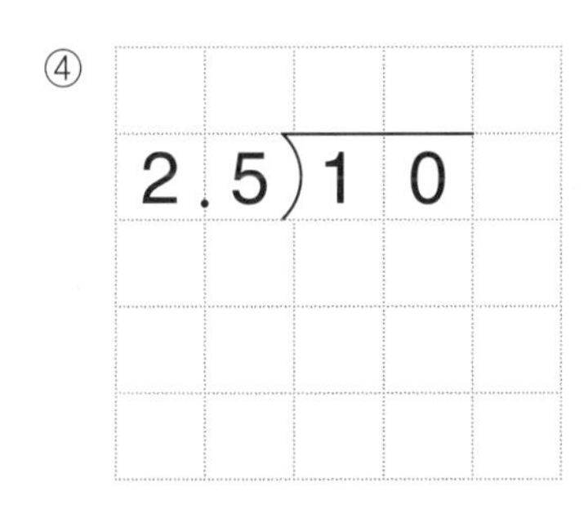

⑧

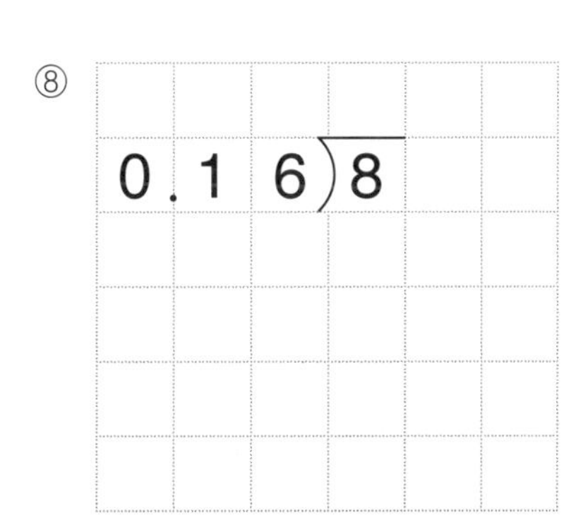

⑫

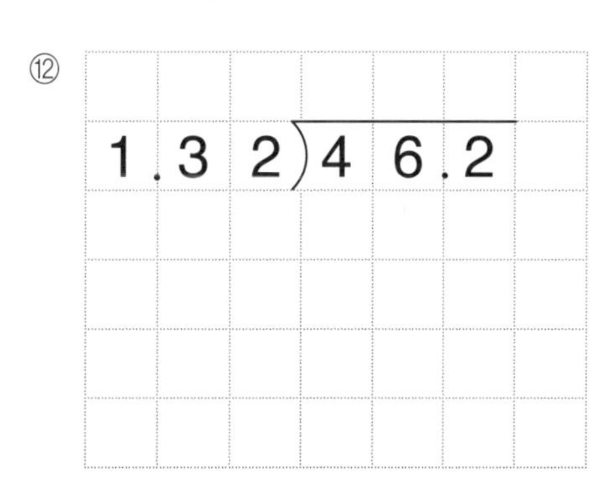

3 Day 소수의 나눗셈 ❷

B

월 일 /9

★ 나누어떨어질 때까지 나눗셈을 하세요.

① $0.35 \div 0.7 =$

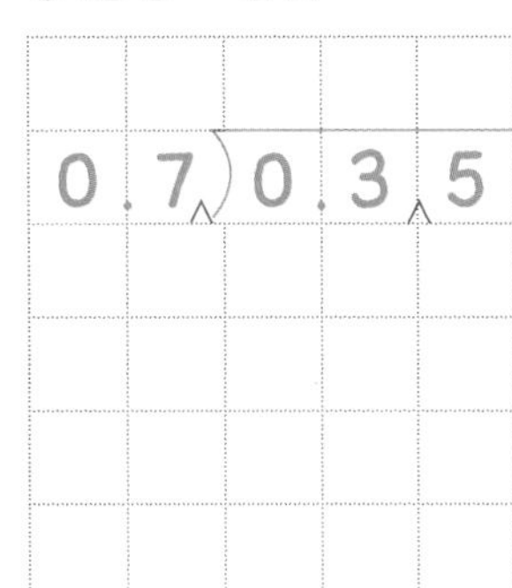

④ $0.042 \div 0.3 =$

⑦ $4.077 \div 1.51 =$

② $1.82 \div 1.4 =$

⑤ $25.16 \div 3.7 =$

⑧ $60.3 \div 4.02 =$

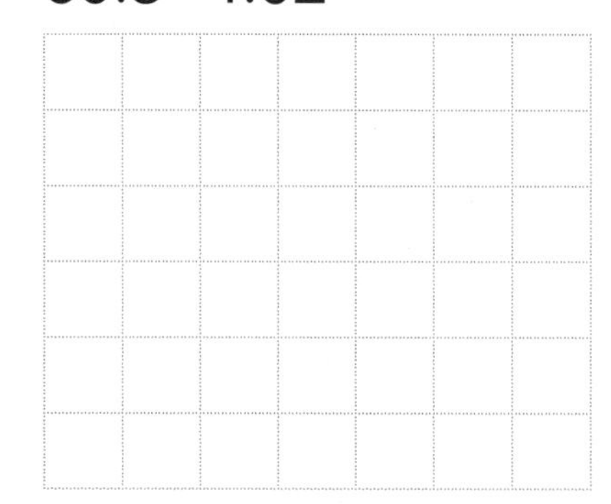

③ $1 \div 0.4 =$

⑥ $1 \div 0.02 =$

⑨ $8.822 \div 8.02 =$

4 Day 소수의 나눗셈 ②

A

월 일 /12

★ 나누어떨어질 때까지 나눗셈을 하세요.

몫의 소수점은 나누어지는 수의 옮긴 소수점의 위치에 맞춰 찍어요.

① 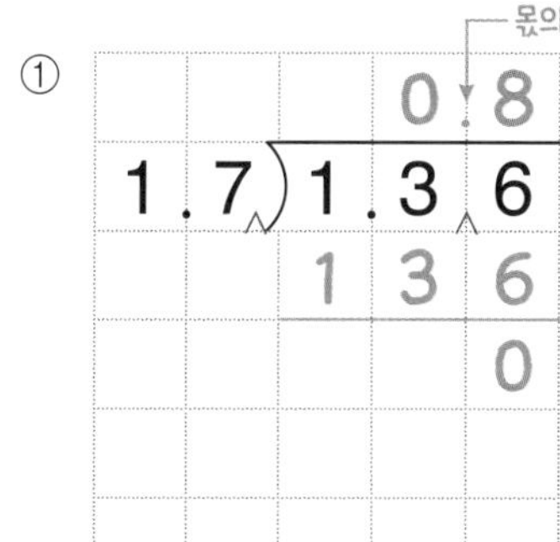

⑤ 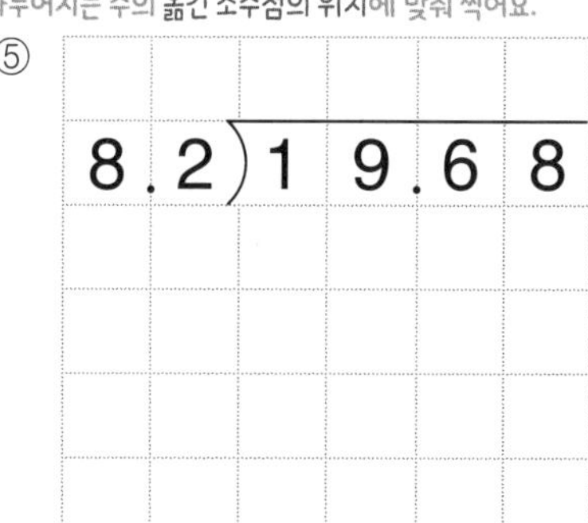

⑨ 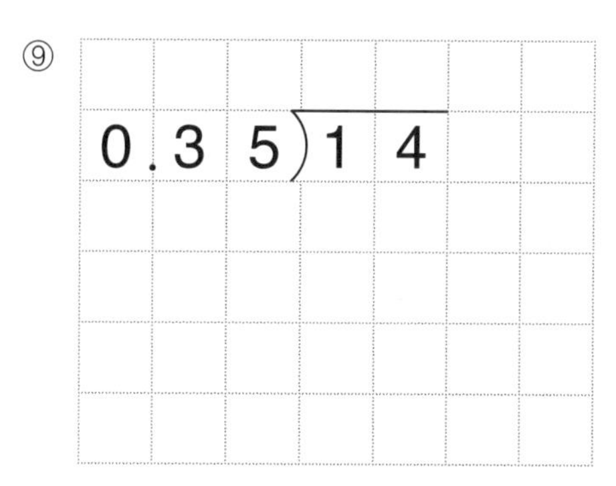

② 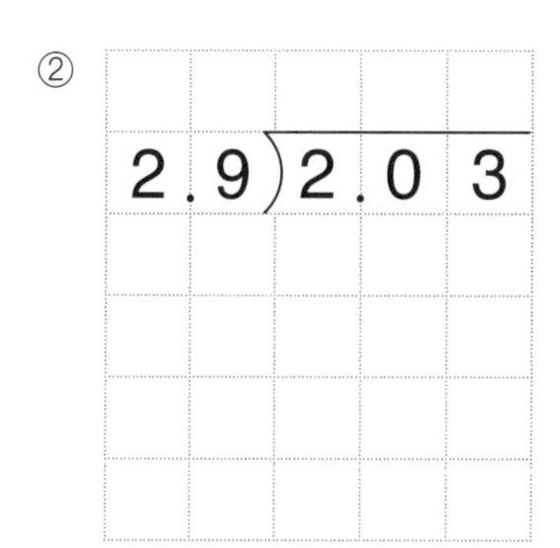

⑥ 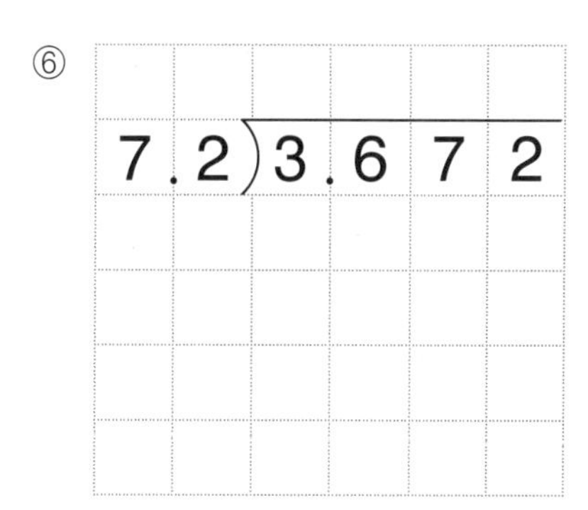

⑩ 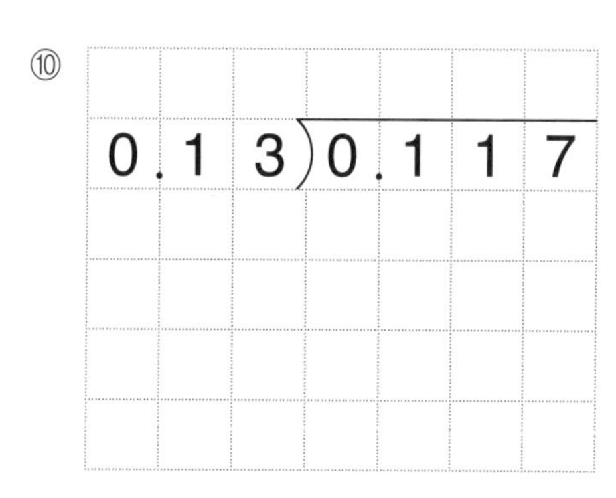

③ 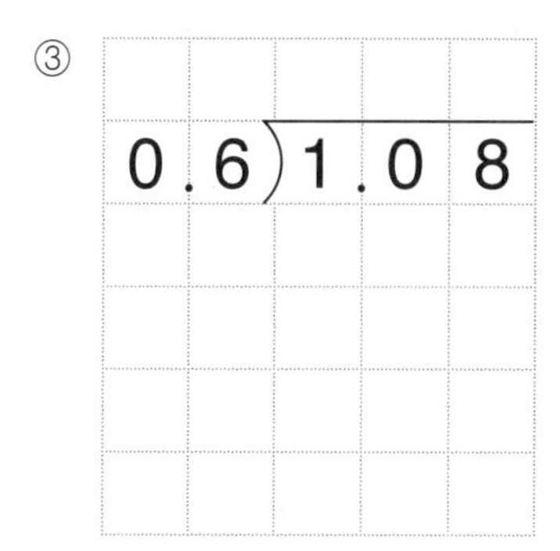

⑦ 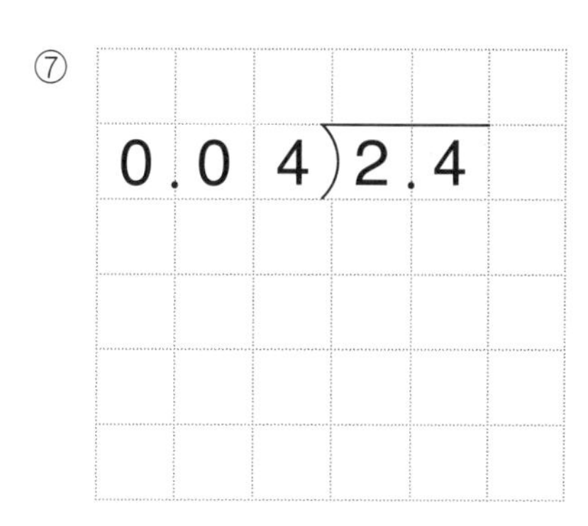

⑪ 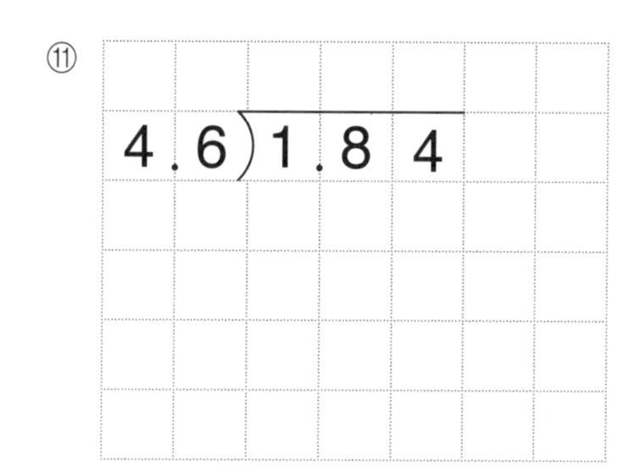

④ 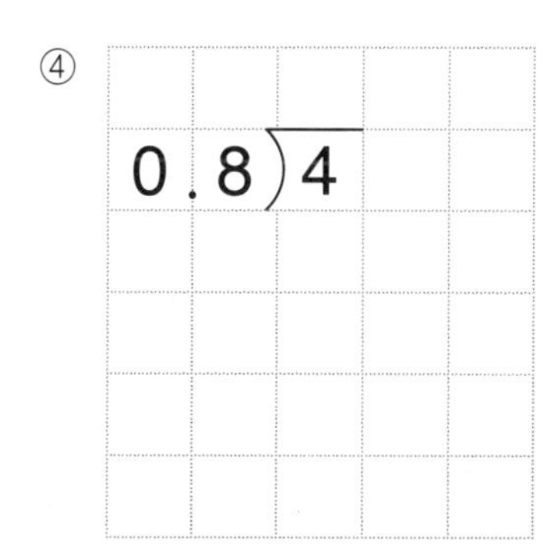

⑧ 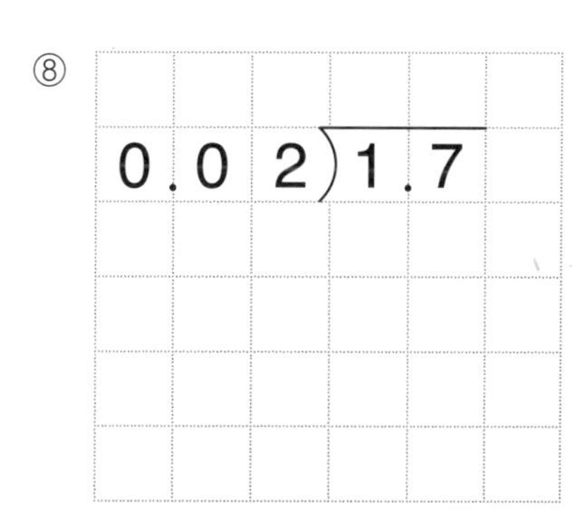

⑫

4 Day 소수의 나눗셈 ❷

B

★ 나누어떨어질 때까지 나눗셈을 하세요.

① $0.72 \div 0.9 =$

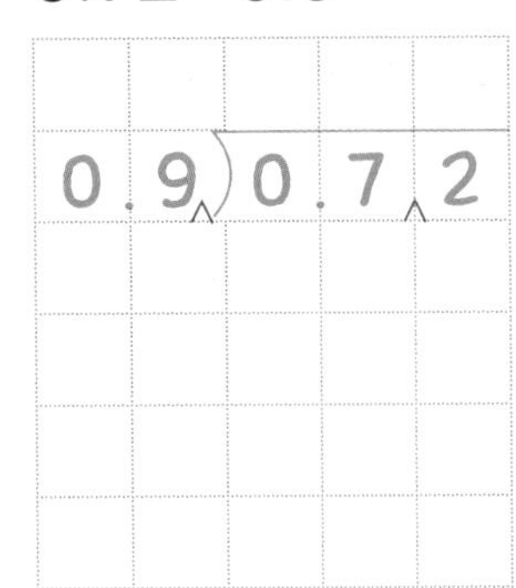

④ $0.052 \div 0.4 =$

⑦ $0.364 \div 0.91 =$

② $6.72 \div 1.6 =$

⑤ $2.196 \div 6.1 =$

⑧ $1.463 \div 0.07 =$

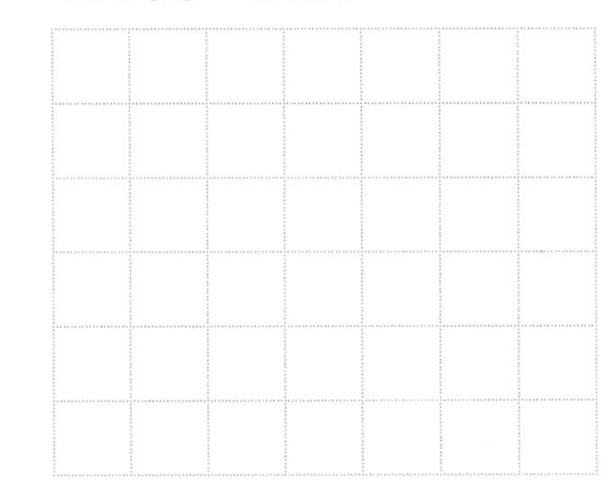

③ $36 \div 0.8 =$

⑥ $9.3 \div 1.55 =$

⑨ $4 \div 1.25 =$

소수의 나눗셈 ②

A

월 일 /12

★ 나누어떨어질 때까지 나눗셈을 하세요.

몫의 소수점은 나누어지는 수의 옮긴 소수점의 위치에 맞춰 찍어요.

① 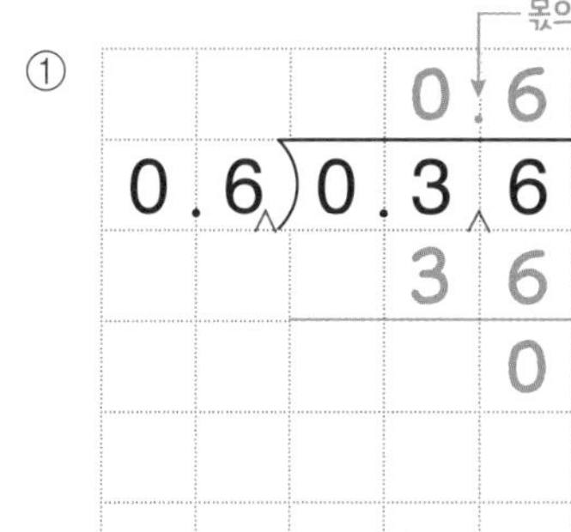

② 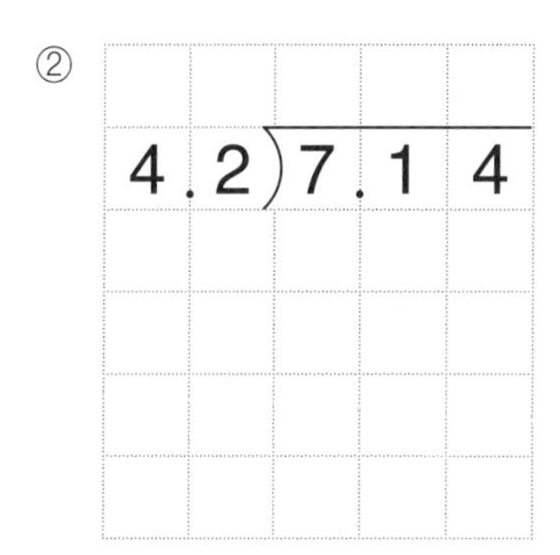

③ 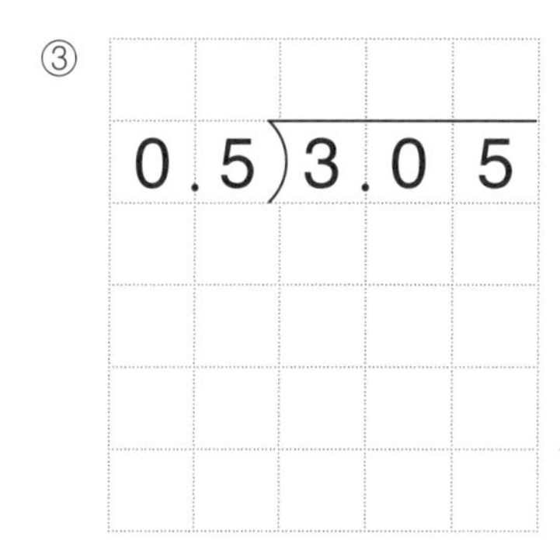

④ 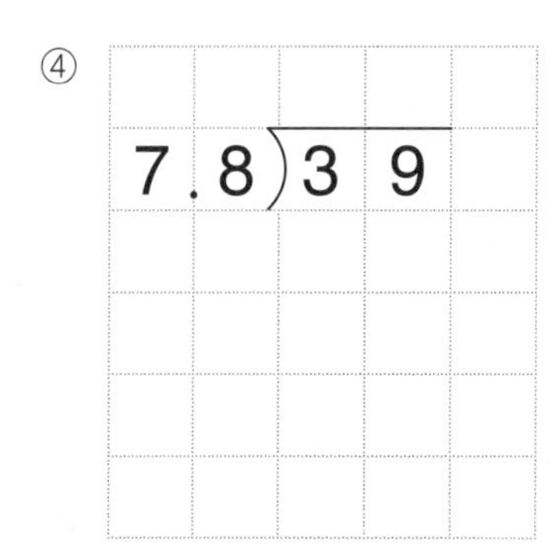

⑤ 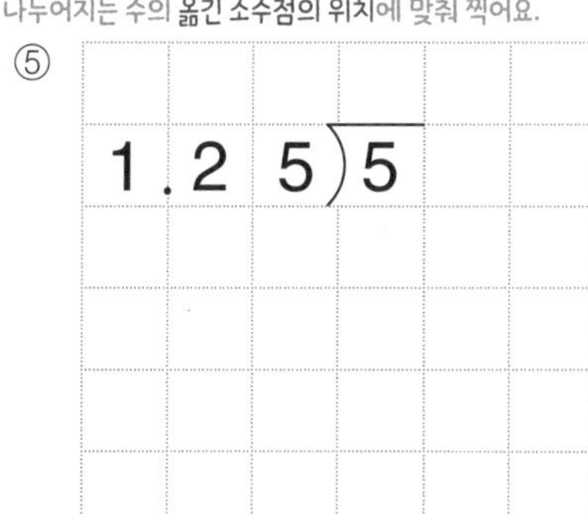

⑥ 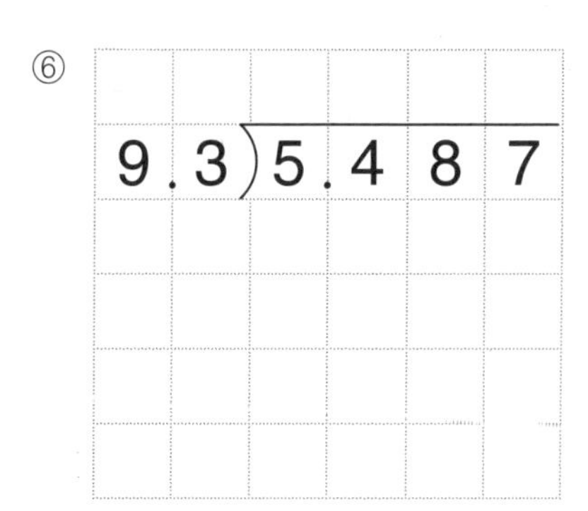

⑦ 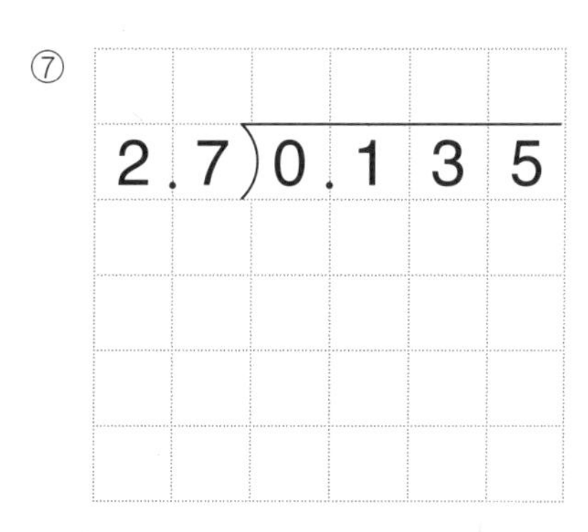

⑧ 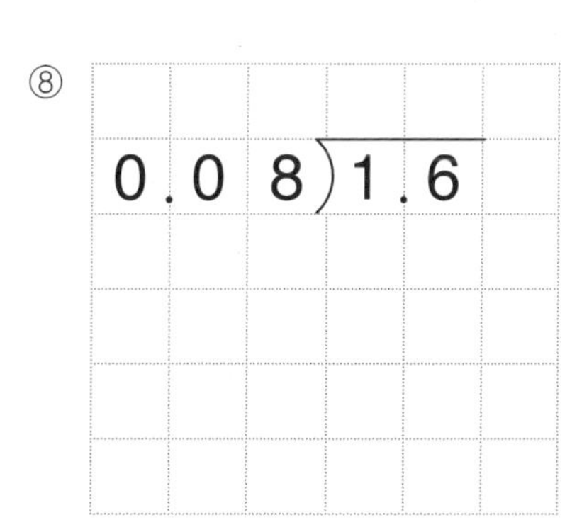

⑨ 0.22)11

⑩ 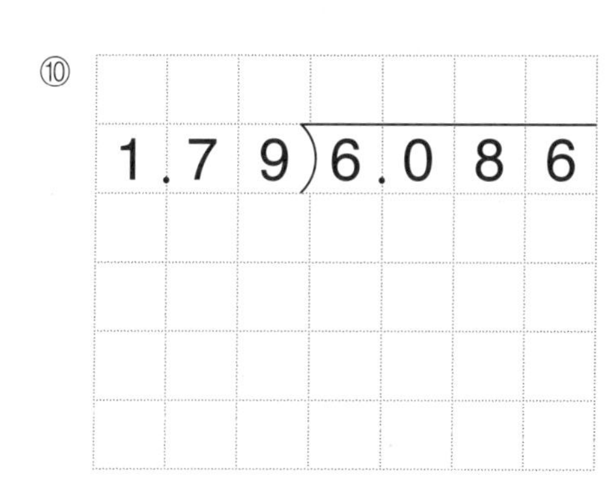

⑪ 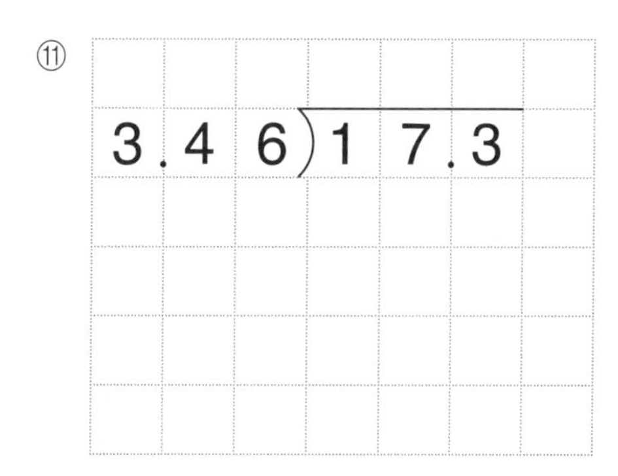

⑫ 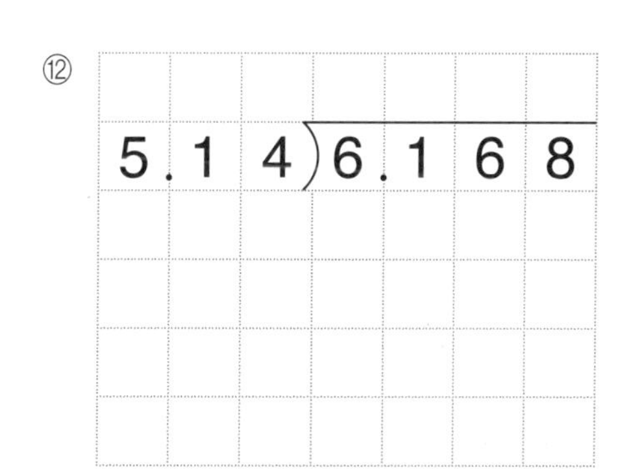

소수의 나눗셈 ❷

B

월 일 /9

★ 나누어떨어질 때까지 나눗셈을 하세요.

① $0.45 \div 0.9 =$

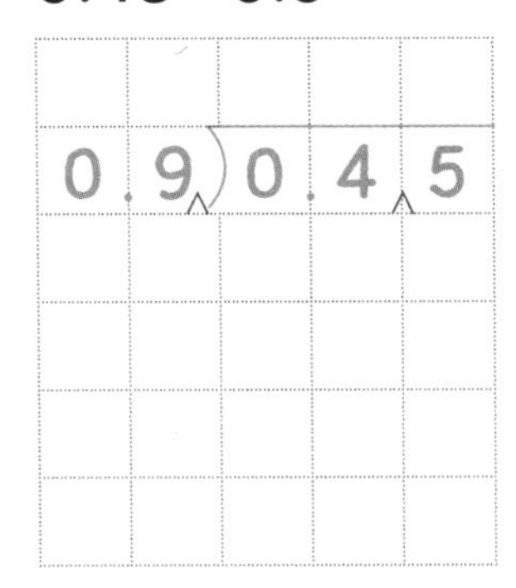

④ $0.092 \div 0.4 =$

⑦ $35 \div 1.75 =$

② $8.64 \div 2.4 =$

⑤ $39.05 \div 5.5 =$

⑧ $6.144 \div 1.28 =$

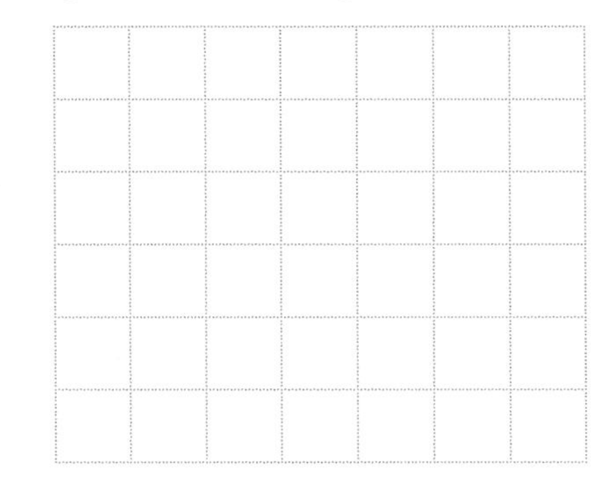

③ $17 \div 0.2 =$

⑥ $5.5 \div 0.25 =$

⑨ $2.706 \div 0.06 =$

소수의 나눗셈 ③

▶ 학습계획 : 매일 공부할 날짜를 정하고, 계획에 맞게 공부하세요.

일차	1일차	2일차	3일차	4일차	5일차
날짜	/	/	/	/	/

▶ 학습연계 : 지금 무엇을 배우는지 확인하고, 이전에 배운 단계와 앞으로 배울 단계를 살펴보세요.

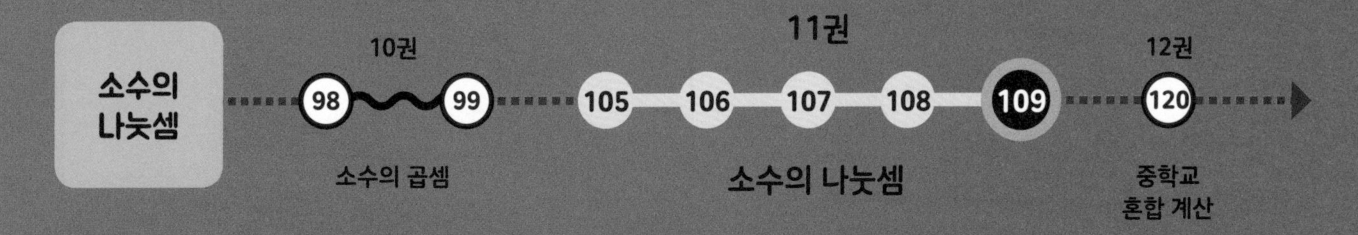

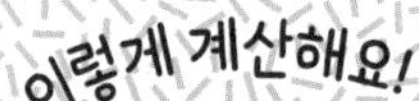

109 소수의 나눗셈 ③

(소수)÷(자연수)에서 나머지의 소수점은 나누어지는 수의 소수점 위치에 맞춰 찍어요.

(소수)÷(자연수)에서 몫의 소수점은 나누어지는 수의 소수점 위치에 맞춰 찍었어요.
그럼 나누어떨어지지 않는 (소수)÷(자연수)에서 몫을 자연수 부분까지 구할 때 나머지의 소수점은 어디에 찍어야 할까요? 이때 나머지의 소수점은 나누어지는 수의 소수점과 같은 위치에 찍어요.

몫을 자연수 부분까지 구할 때 몫과 나머지

$7.4 \div 3 = 2 \cdots 1.4$

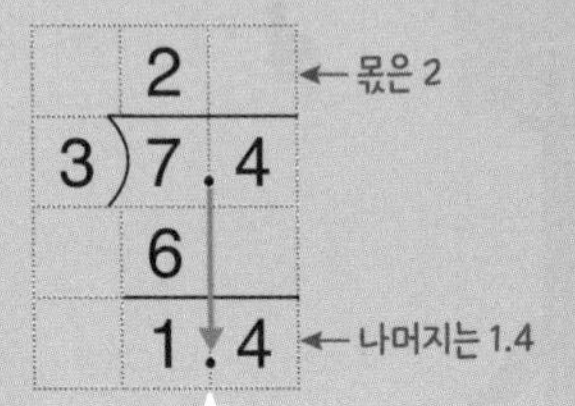

나머지의 소수점은 나누어지는 수의 소수점 위치에 맞춰 찍어요.

참고 $7.4 \div 0.3 = 24 \cdots 0.2$

```
        2 4   ← 몫은 24
 0.3 ) 7.4
       6
       1 4
       1 2
       0.2    ← 나머지는 0.2
```

나머지의 소수점은 나누어지는 수의 처음 소수점 위치에 맞춰 찍어요.

몫을 반올림하여 나타내기

나눗셈의 몫이 나누어떨어지지 않거나 수가 너무 많아 복잡할 때에는 몫을 반올림하여 나타낼 수 있어요.
구하려는 자리 바로 아래 자리의 숫자가 0, 1, 2, 3, 4이면 버리고, 5, 6, 7, 8, 9이면 올려서 나타내요.

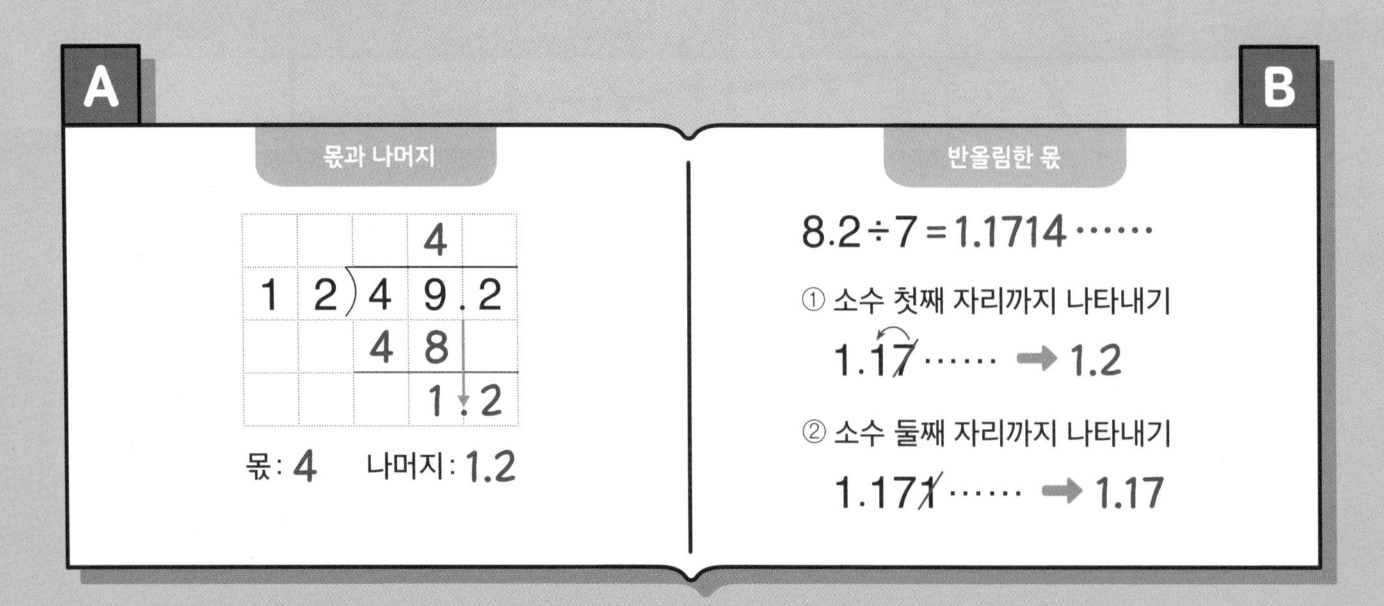

1 Day 소수의 나눗셈 ❸

A

월 일 /9

★ 나눗셈의 몫을 자연수 부분까지 구했을 때 몫과 나머지를 쓰세요.

소수점 아래 자리의 몫은 구하지 않아요.

①

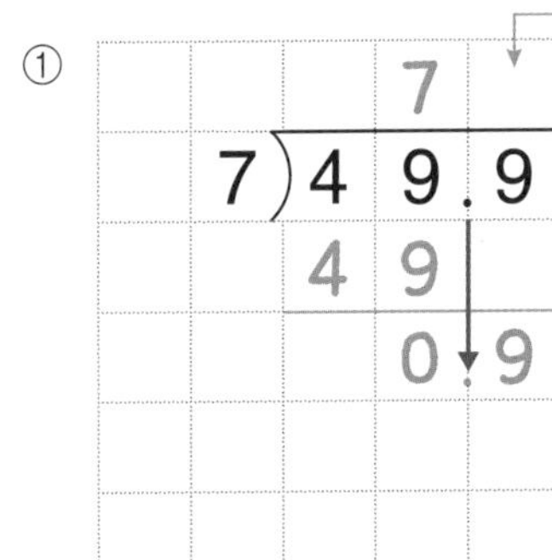

몫 : 7
나머지 : 0.9

②

몫 :
나머지 :

③

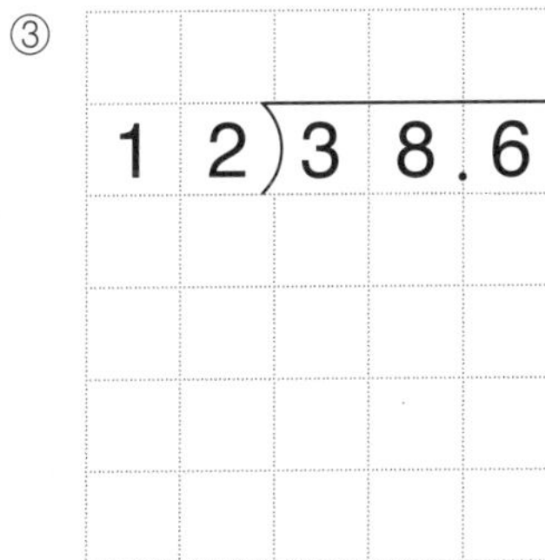

몫 :
나머지 :

④ $8\overline{)86.51}$

몫 :
나머지 :

⑤ $5\overline{)70.03}$

몫 :
나머지 :

⑥ $28\overline{)61.94}$

몫 :
나머지 :

⑦

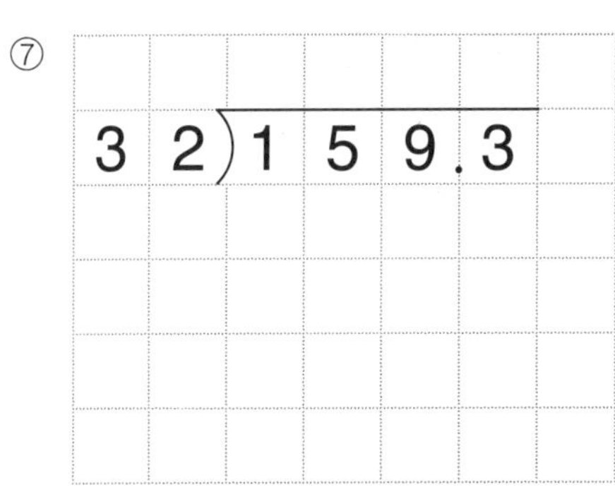

몫 :
나머지 :

⑧

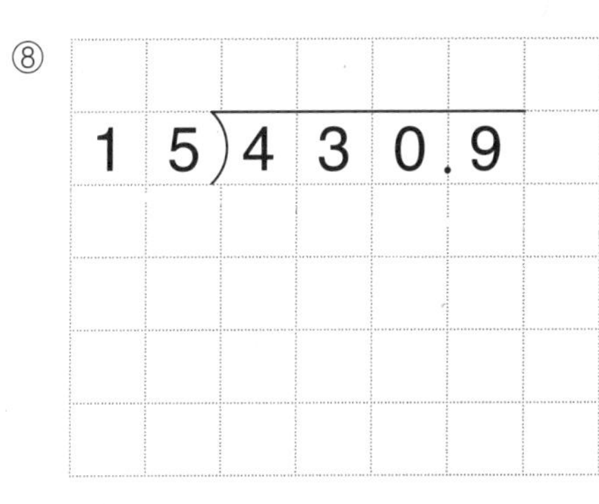

몫 :
나머지 :

⑨ $40\overline{)280.16}$

몫 :
나머지 :

1 Day 소수의 나눗셈 ③

B

월 일 /4

★ 나눗셈의 몫을 반올림하여 주어진 자리까지 나타내세요.

① $6.6 \div 0.9$

소수 첫째 자리까지: (소수 둘째 자리에서 반올림해요.)

소수 둘째 자리까지: (소수 셋째 자리에서 반올림해요.)

② $7.3 \div 1.5$

소수 첫째 자리까지:

소수 둘째 자리까지:

③ $6.98 \div 3$

소수 첫째 자리까지:

소수 둘째 자리까지:

④ $90.08 \div 56$

소수 첫째 자리까지:

소수 둘째 자리까지:

2 Day 소수의 나눗셈 ③

A

월 일 /9

★ 나눗셈의 몫을 자연수 부분까지 구했을 때 몫과 나머지를 쓰세요.

소수점 아래 자리의 몫은 구하지 않아요.

① 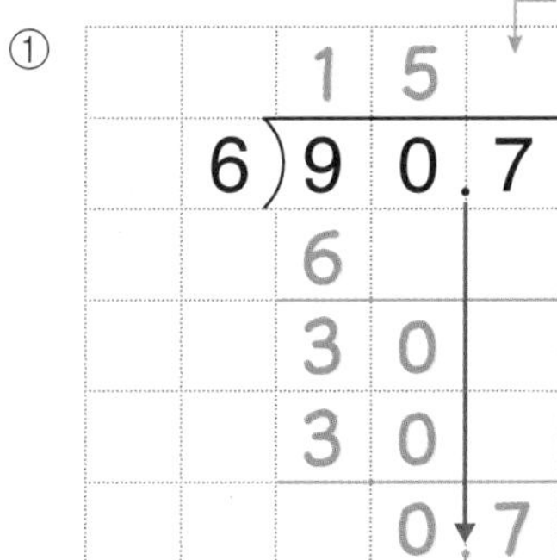

몫: 15
나머지: 0.7

② 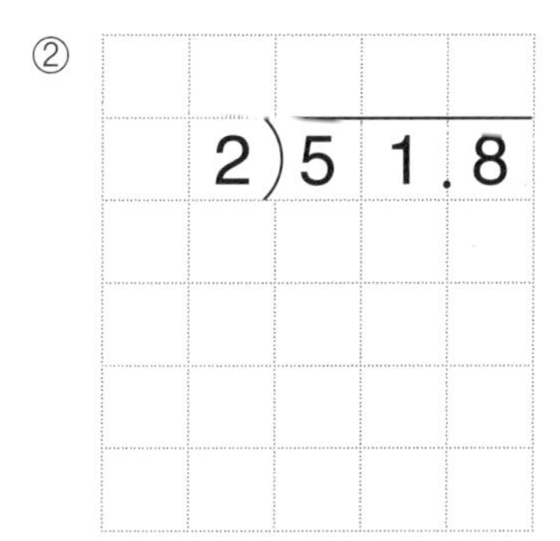

몫:
나머지:

③ 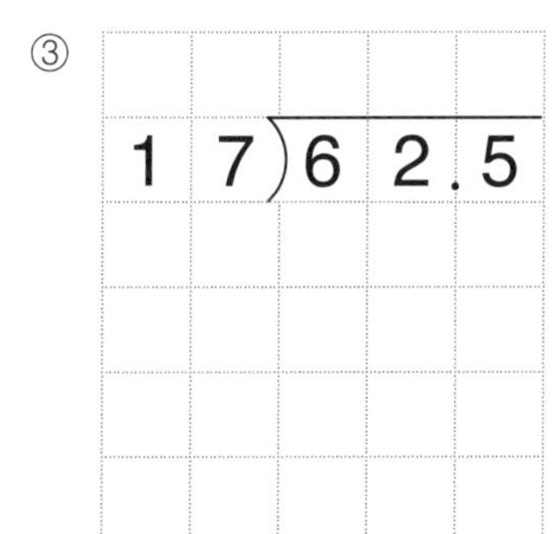

몫:
나머지:

④ 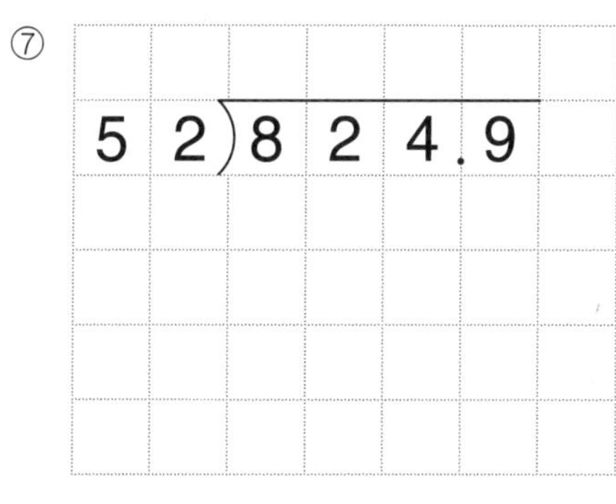

몫:
나머지:

⑤ 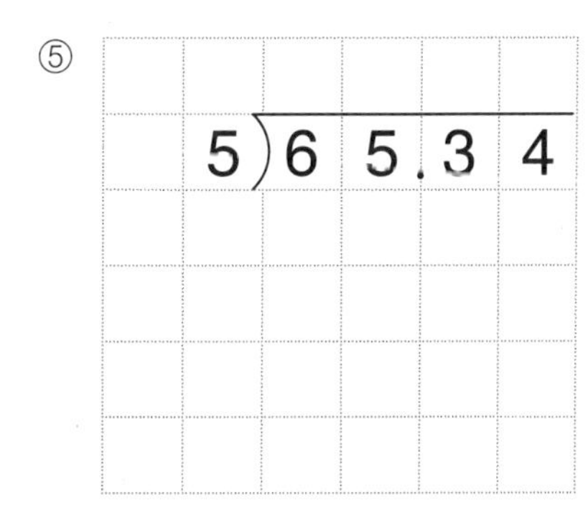

몫:
나머지:

⑥ 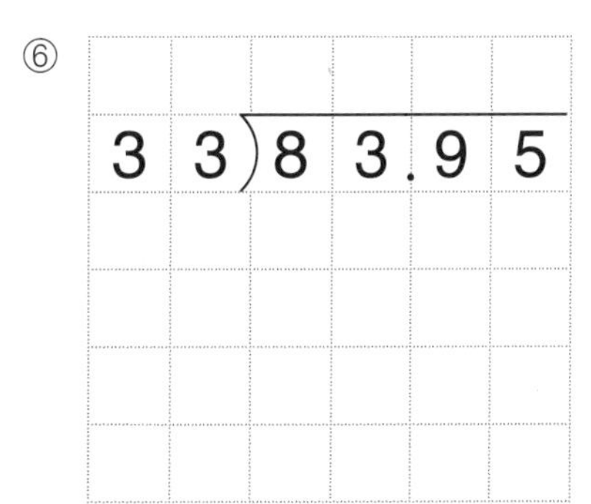

몫:
나머지:

⑦ $52\overline{)824.9}$

몫:
나머지:

⑧ 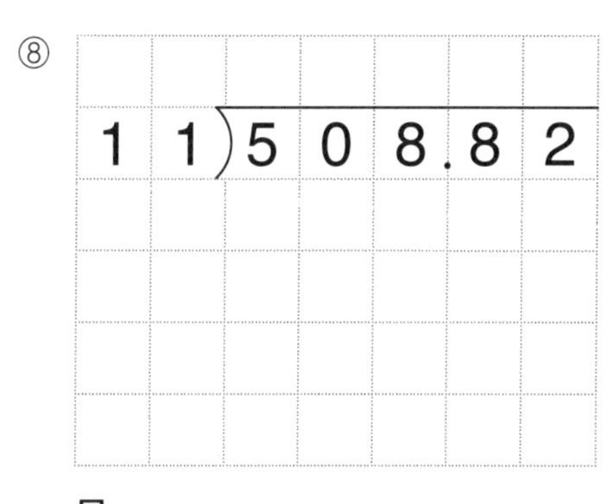

몫:
나머지:

⑨ 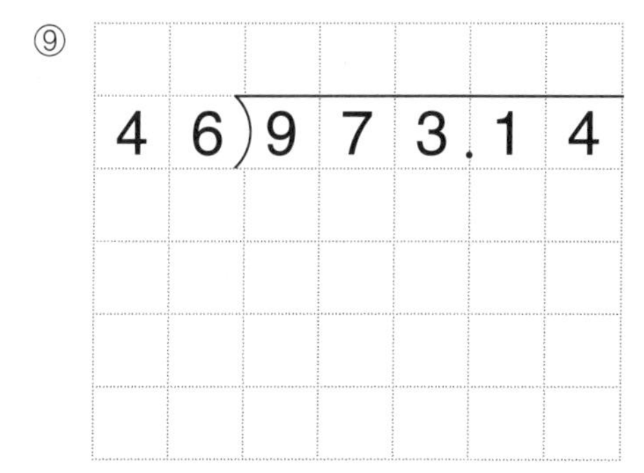

몫:
나머지:

소수의 나눗셈 ❸

B

월 일 /4

★ 나눗셈의 몫을 반올림하여 주어진 자리까지 나타내세요.

① $4.7 \div 0.6$

소수 첫째 자리까지: ← 소수 둘째 자리에서 반올림해요.

소수 둘째 자리까지: ← 소수 셋째 자리에서 반올림해요.

③ $47.26 \div 9$

소수 첫째 자리까지:

소수 둘째 자리까지:

② $77.7 \div 1.1$

소수 첫째 자리까지:

소수 둘째 자리까지:

④ $60.924 \div 43$

소수 첫째 자리까지:

소수 둘째 자리까지:

3 Day

소수의 나눗셈 ③

A

월 일 /9

★ 나눗셈의 몫을 자연수 부분까지 구했을 때 몫과 나머지를 쓰세요.

①

소수점 아래 자리의 몫은 구하지 않아요.

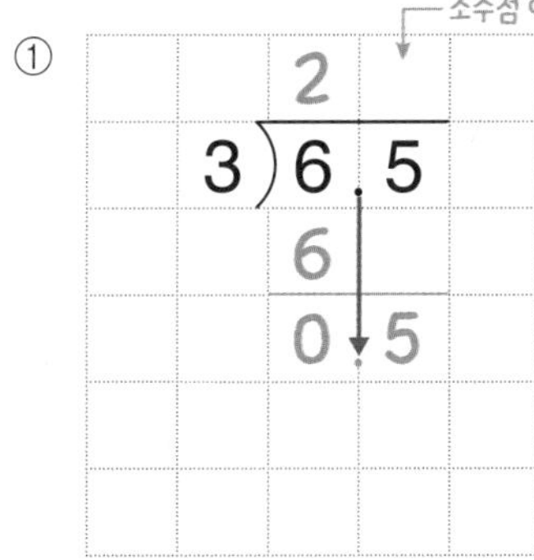

몫: 2
나머지 : 0.5

②

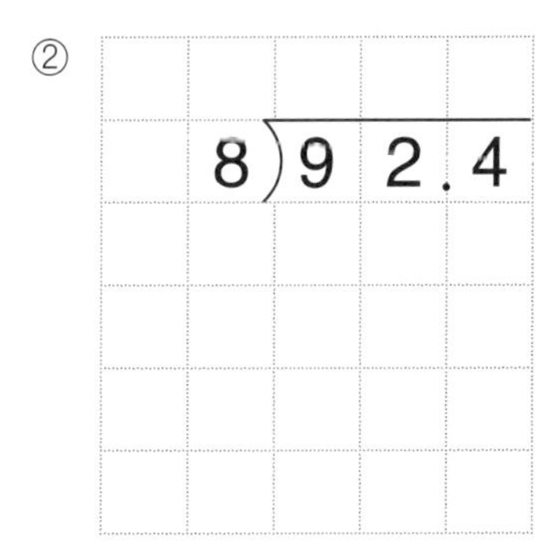

몫:
나머지 :

③

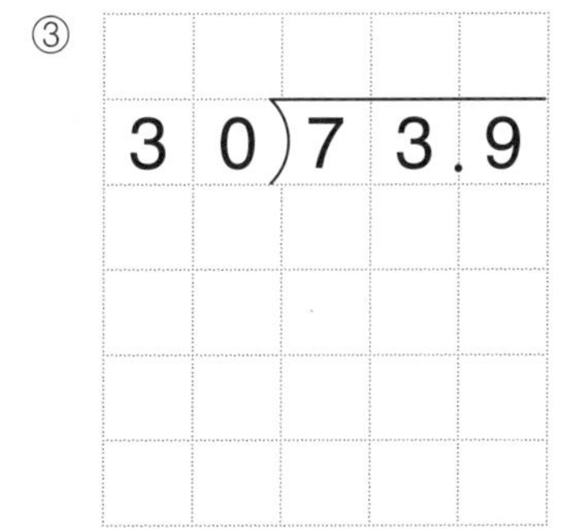

몫:
나머지 :

④

7)85.61

몫:
나머지 :

⑤

5)79.47

몫:
나머지 :

⑥

15)45.25

몫:
나머지 :

⑦

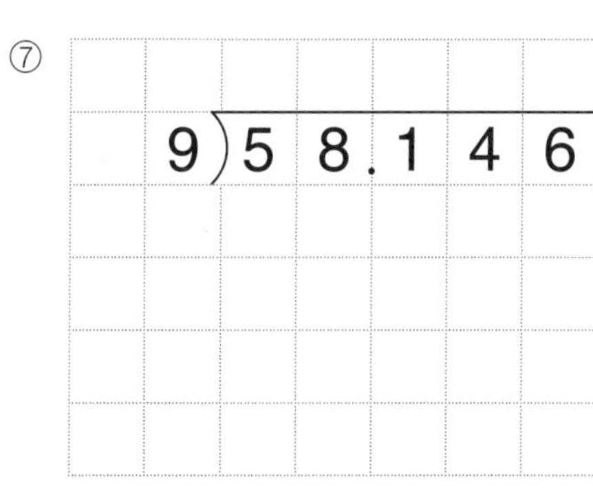

몫:
나머지 :

⑧

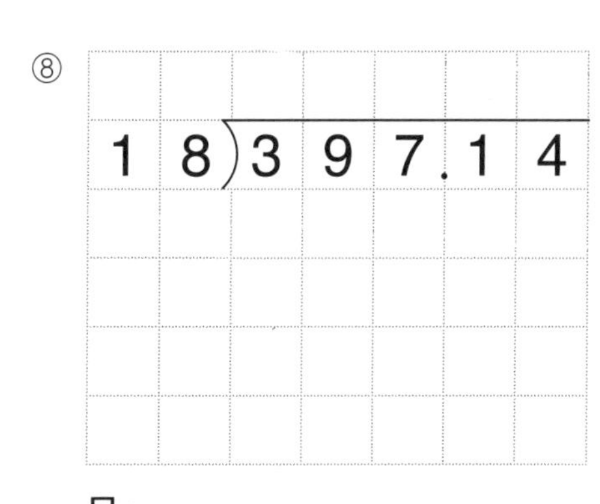

몫:
나머지 :

⑨

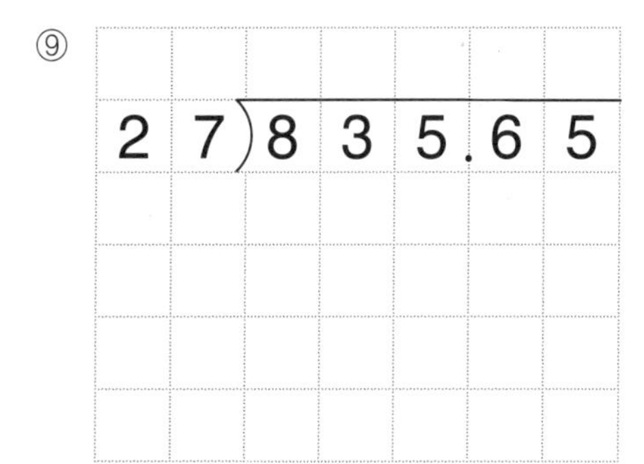

몫:
나머지 :

3 Day 소수의 나눗셈 ③

B

월 일 /4

★ 나눗셈의 몫을 반올림하여 주어진 자리까지 나타내세요.

① $1.4 \div 0.3$

소수 첫째 자리까지: (소수 둘째 자리에서 반올림해요.)

소수 둘째 자리까지: (소수 셋째 자리에서 반올림해요.)

③ $8.692 \div 6$

소수 첫째 자리까지:

소수 둘째 자리까지:

② $9.5 \div 7.4$

소수 첫째 자리까지:

소수 둘째 자리까지:

④ $57.8 \div 13$

소수 첫째 자리까지:

소수 둘째 자리까지:

소수의 나눗셈 ③

A

월 일 /9

★ 나눗셈의 몫을 자연수 부분까지 구했을 때 몫과 나머지를 쓰세요.

①

소수점 아래 자리의 몫은 구하지 않아요.

$$\begin{array}{r} 13 \\ 6\overline{)81.3} \\ \underline{6} \\ 21 \\ \underline{18} \\ 3.3 \end{array}$$

몫 : 13
나머지 : 3.3

②

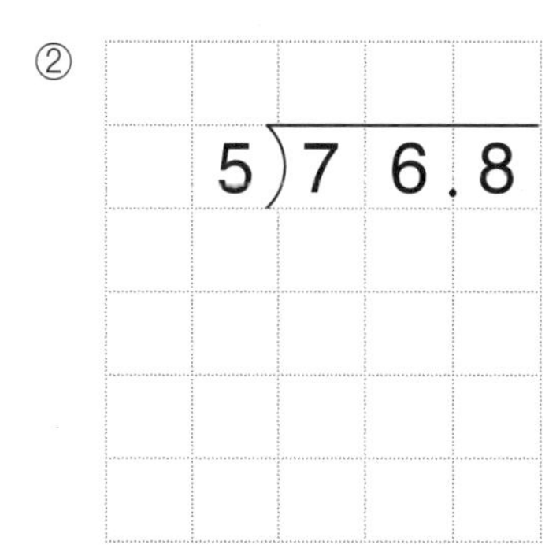

몫 :
나머지 :

③

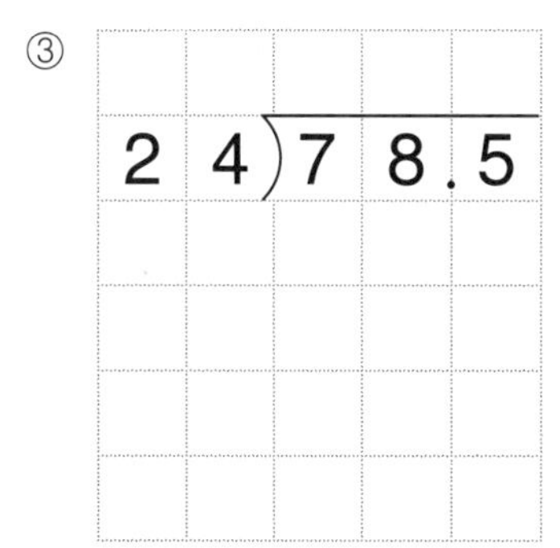

몫 :
나머지 :

④

8)97.15

몫 :
나머지 :

⑤

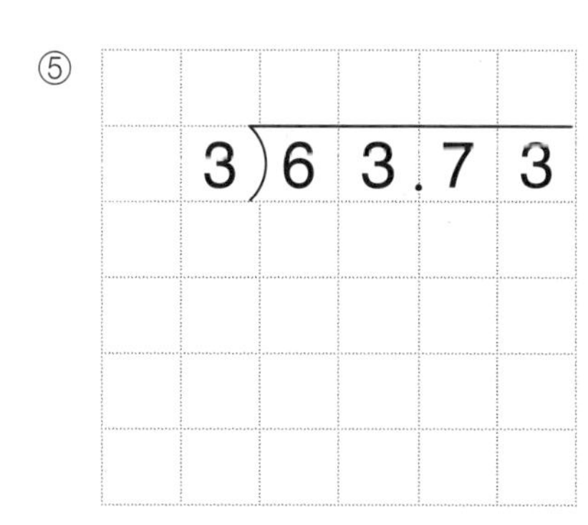

몫 :
나머지 :

⑥

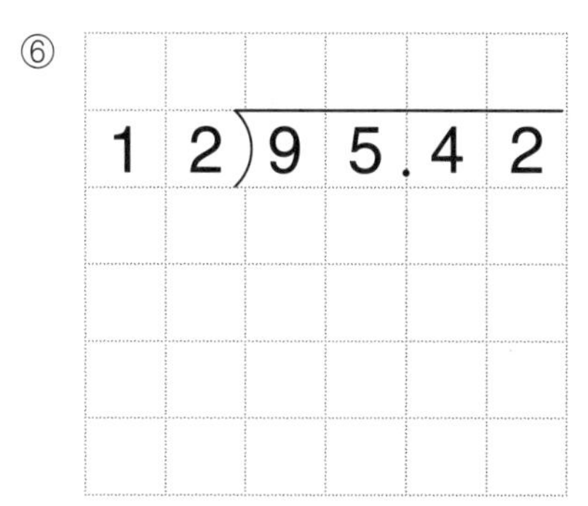

몫 :
나머지 :

⑦

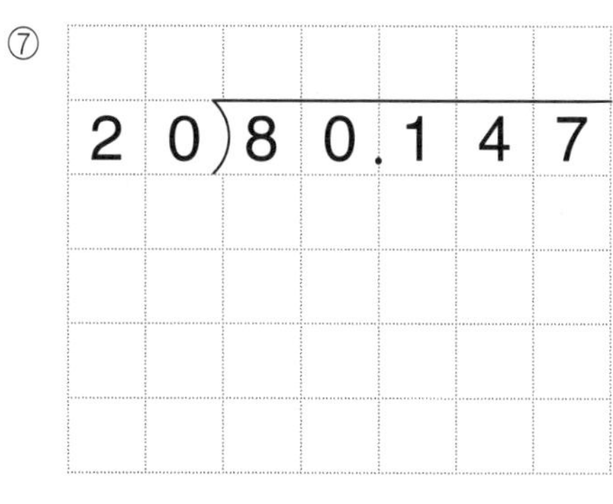

몫 :
나머지 :

⑧

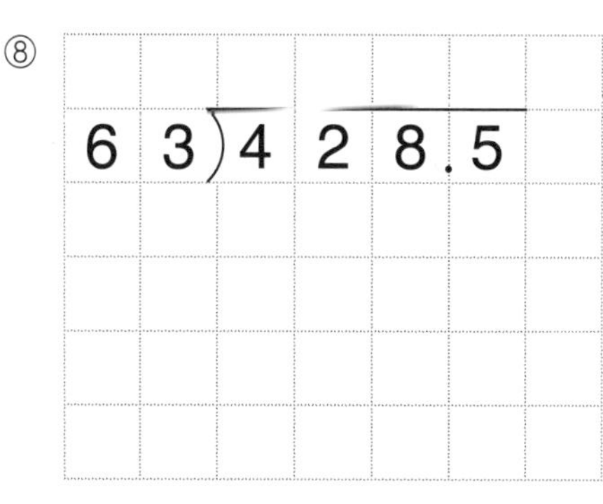

몫 :
나머지 :

⑨

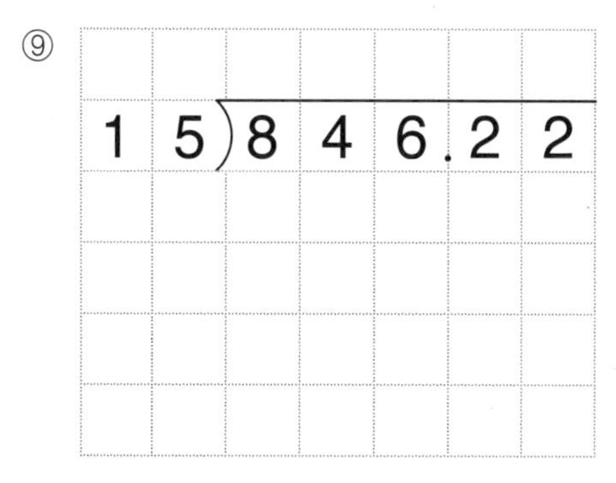

몫 :
나머지 :

109단계

4 Day

소수의 나눗셈 ③

B

★ 나눗셈의 몫을 반올림하여 주어진 자리까지 나타내세요.

① 3.9 ÷ 0.7

소수 첫째 자리까지: (소수 둘째 자리에서 반올림해요.)

소수 둘째 자리까지: (소수 셋째 자리에서 반올림해요.)

③ 53.7 ÷ 26

소수 첫째 자리까지:

소수 둘째 자리까지:

② 8.5 ÷ 1.8

소수 첫째 자리까지:

소수 둘째 자리까지:

④ 21.4 ÷ 12

소수 첫째 자리까지:

소수 둘째 자리까지:

109단계

소수의 나눗셈 ③

A

월 일 /9

★ 나눗셈의 몫을 자연수 부분까지 구했을 때 몫과 나머지를 쓰세요.

소수점 아래 자리의 몫은 구하지 않아요.

①

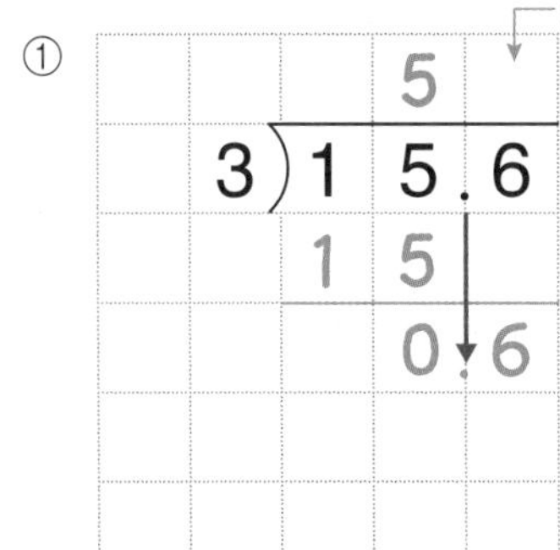

몫: 5
나머지 : 0.6

④ $2\overline{)80.19}$

몫:
나머지 :

⑦

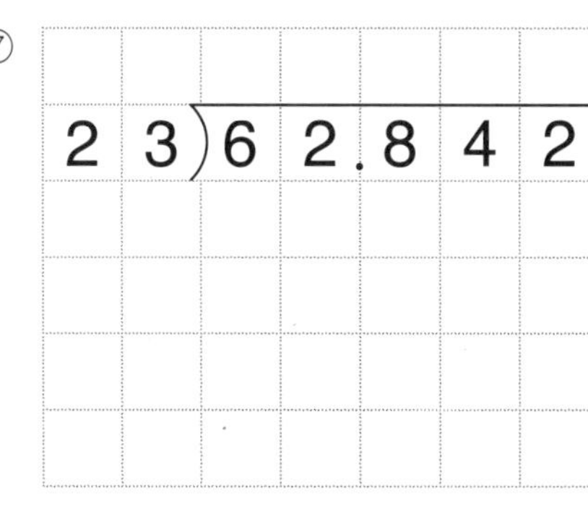

몫:
나머지 :

②

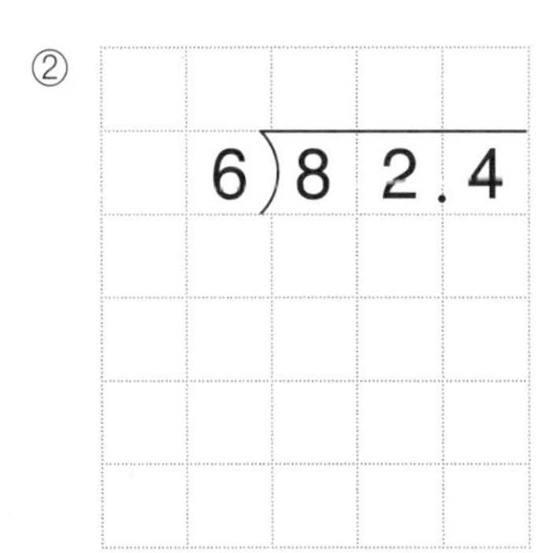

몫:
나머지 :

⑤ $7\overline{)94.72}$

몫:
나머지 :

⑧ $94\overline{)471.6}$

몫:
나머지 :

③

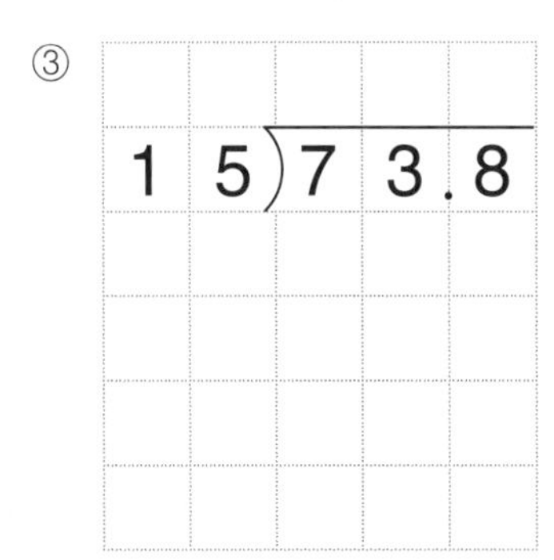

몫:
나머지 :

⑥

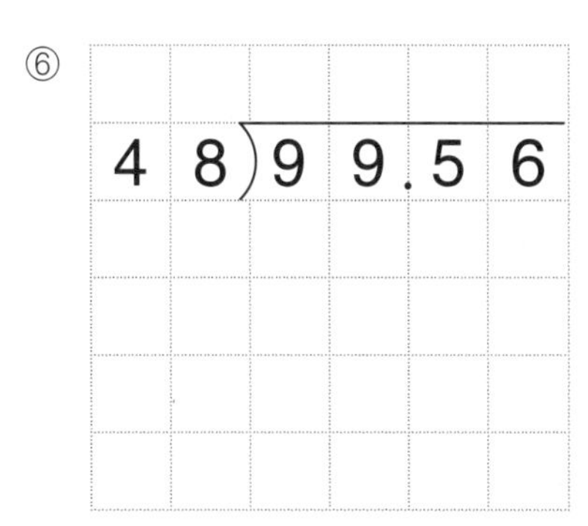

몫:
나머지 :

⑨

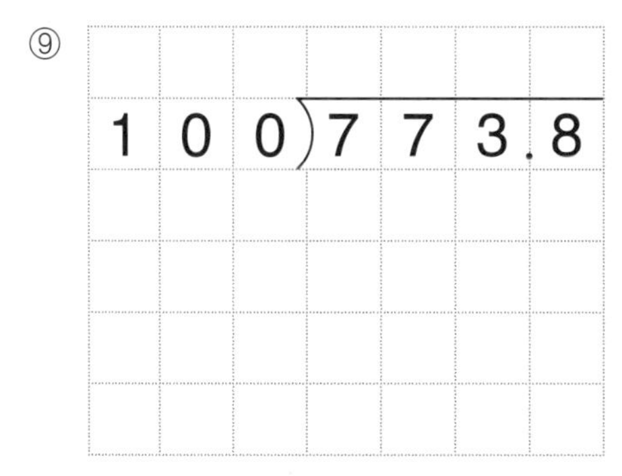

몫:
나머지 :

109단계

5 Day

소수의 나눗셈 ③

B

월 일 /4

★ 나눗셈의 몫을 반올림하여 주어진 자리까지 나타내세요.

① $4.8 \div 0.9$

소수 첫째 자리까지: (소수 둘째 자리에서 반올림해요.)

소수 둘째 자리까지: (소수 셋째 자리에서 반올림해요.)

③ $64.72 \div 17$

소수 첫째 자리까지:

소수 둘째 자리까지:

② $7.4 \div 2.4$

소수 첫째 자리까지:

소수 둘째 자리까지:

④ $16.284 \div 7$

소수 첫째 자리까지:

소수 둘째 자리까지:

6학년 방정식

□가 있는 덧셈식이나 뺄셈식은 수직선을 그려서 □를 구하는 식으로 바꾼 후 계산했어요.
□가 있는 곱셈식이나 나눗셈식은 무당벌레 그림을 그려서 □를 구했고요.
이 단계에서 배우는 방정식은 분수나 소수로 이루어져 있지만 자연수로 만들어진 식과 계산 방법은 똑같다는 사실을 잊지 마세요.

일차	학습 내용		날짜
1일차	□가 있는 덧셈식, 뺄셈식	$\frac{1}{4}+\square=\frac{1}{3}$에서 $\square=?$	/
2일차	□가 있는 곱셈식	$\frac{1}{3}\times\square=3$에서 $\square=?$	/
3일차	□가 있는 나눗셈식	$\frac{7}{10}\div\square=5\frac{1}{4}$에서 $\square=?$	/
4일차	□가 있는 혼합 계산식	$\square\times2+\square=12$에서 $\square=?$	/
5일차	□가 있는 식의 활용		/

110 6학년 방정식

분수, 소수가 있는 식에도 자연수에서 사용한 전략을 똑같이 적용해요.

덧셈, 뺄셈은 수직선 전략으로, 곱셈, 나눗셈은 무당벌레 그림을 그려서 문제를 풀어요.
□가 여러 개 있으면 덧셈을 곱셈으로 바꾸는 연산 바꾸기 전략을 씁니다.
분수 또는 소수가 있어서 식이 복잡해 보일 뿐, 식을 바꾸는 방법은 자연수와 똑같아요.

덧셈, 뺄셈은 수직선 전략으로!

$7+\square=12$

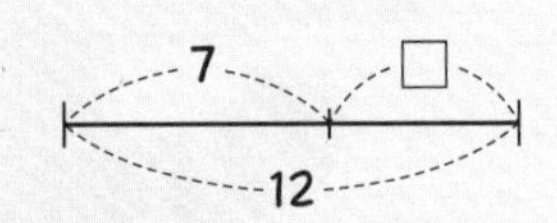

➡ $\square=12-7$

$0.7+\square=1.2$

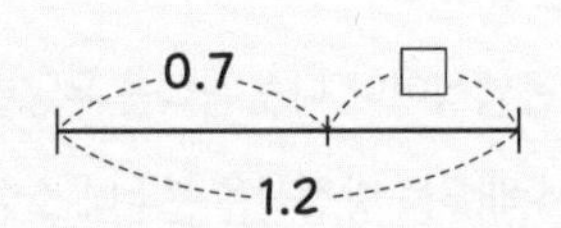

➡ $\square=1.2-0.7$

곱셈, 나눗셈은 무당벌레 그림으로!

$4\div\square=2$

➡ $\square=4\div2$

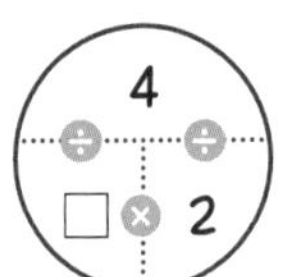

$4\div\square=\frac{1}{2}$

➡ $\square=4\div\frac{1}{2}$

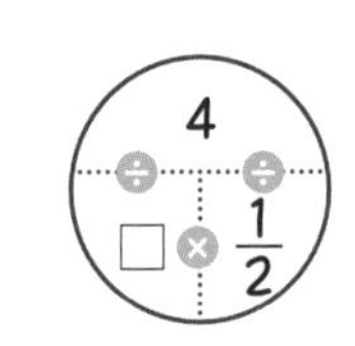

□의 덧셈은 연산 바꾸기 전략으로!

$\square\times2+\square\times3=80$

➡ $(\square+\square)+(\square+\square+\square)=80$

➡ $\square\times5=80$

□×2+□×3은 □가 모두 2+3=5이므로 □×5와 같습니다.

$\square\times0.2+\square=6$

➡ $\square\times(0.2+1)=6$

➡ $\square\times1.2=6$

□×0.2+□는 □가 모두 0.2+1=1.2이므로 □×1.2와 같습니다.

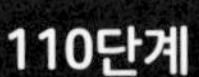

6학년 방정식

A

월 일 /5

① $\frac{1}{4}+\square=\frac{1}{3}$ ➡ $\square=\frac{1}{3}-\frac{1}{4}$ ➡ $\square=\frac{1}{12}$

$\frac{1}{4}$, $\square$, $\frac{1}{3}$

② $0.5+\square=0.8$ ➡ $\square=$ ______ ➡ $\square=$ ______

③ $\square+\frac{5}{6}=\frac{9}{10}$ ➡ $\square=$ ______ ➡ $\square=$ ______

④ $1-\square=0.44$ ➡ $\square=$ ______ ➡ $\square=$ ______

⑤ $\square-\frac{4}{9}=\frac{5}{6}$ ➡ $\square=$ ______ ➡ $\square=$ ______

110단계

6학년 방정식

B

월 일 /10

① $1\frac{2}{9}+\square=4$ ($\square=4-1\frac{2}{9}$)

➡ $\square=$ ______

② $\square+2\frac{7}{18}=3\frac{8}{27}$

➡ $\square=$ ______

③ $4\frac{9}{14}-\square=1\frac{10}{21}$

➡ $\square=$ ______

④ $\square-\frac{9}{20}=3\frac{7}{12}$

➡ $\square=$ ______

⑤ $\square-1\frac{1}{3}=1\frac{1}{2}$

➡ $\square=$ ______

⑥ $1.32+\square=2$

➡ $\square=$ ______

⑦ $\square+1.7=2.34$

➡ $\square=$ ______

⑧ $0.28-\square=0.08$

➡ $\square=$ ______

⑨ $\square-0.79=0.41$

➡ $\square=$ ______

⑩ $\square-3.5=2.59$

➡ $\square=$ ______

6학년 방정식

A

월 일 /5

① $\frac{1}{3}\times\square=3$ ➡ $\square=$ $3\div\frac{1}{3}$ ➡ $\square=$ 9

3 ÷ ÷ $\frac{1}{3}$ × □

② $\frac{8}{9}\times\square=\frac{5}{12}$ ➡ $\square=$ ______ ➡ $\square=$ ______

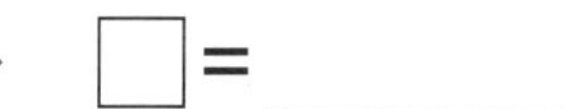

③ $1.6\times\square=20.8$ ➡ $\square=$ ______ ➡ $\square=$ ______

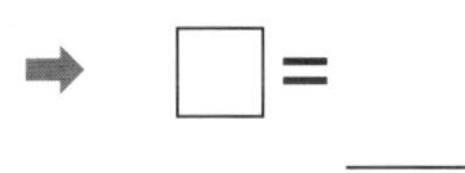

④ $\square\times\frac{4}{7}=2$ ➡ $\square=$ ______ ➡ $\square=$ ______

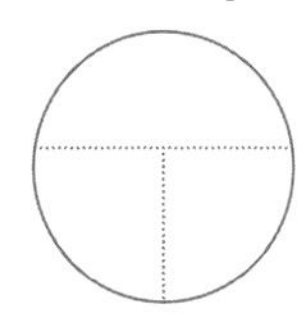

⑤ $\square\times0.19=6.46$ ➡ $\square=$ ______ ➡ $\square=$ ______

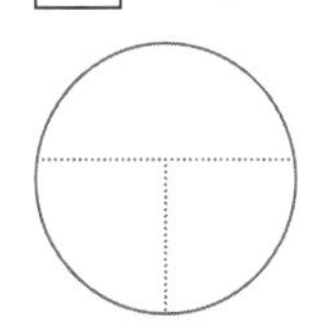

6학년 방정식

① $5 \times \square = \frac{3}{4}$ ($\square = \frac{3}{4} \div 5$)

➡ $\square =$ ______

② $\frac{1}{6} \times \square = \frac{5}{6}$

➡ $\square =$ ______

③ $1\frac{1}{4} \times \square = 3\frac{1}{2}$

➡ $\square =$ ______

④ $\square \times 6 = 2$

➡ $\square =$ ______

⑤ $\square \times 4\frac{1}{5} = 4\frac{2}{3}$

➡ $\square =$ ______

⑥ $6 \times \square = 1.26$

➡ $\square =$ ______

⑦ $3.5 \times \square = 5.25$

➡ $\square =$ ______

⑧ $0.25 \times \square = 4$

➡ $\square =$ ______

⑨ $\square \times 0.5 = 10.3$

➡ $\square =$ ______

⑩ $\square \times 0.26 = 12.48$

➡ $\square =$ ______

6학년 방정식

월 일 /5

① $\frac{7}{10} \div \square = 5\frac{1}{4}$ ➡ $\square =$ $\frac{7}{10} \div 5\frac{1}{4}$ ➡ $\square =$ $\frac{2}{15}$

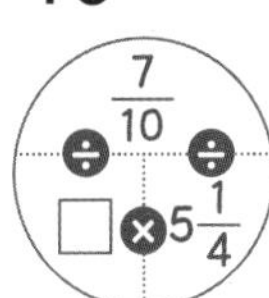

② $\frac{1}{3} \div \square = \frac{1}{4}$ ➡ $\square =$ ______ ➡ $\square =$ ______

③ $2.88 \div \square = 0.24$ ➡ $\square =$ ______ ➡ $\square =$ ______

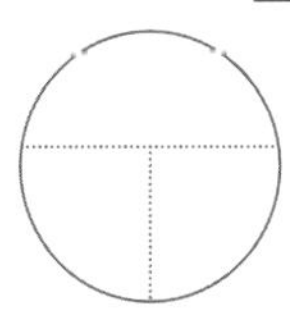

④ $\square \div \frac{1}{3} = \frac{1}{4}$ ➡ $\square =$ ______ ➡ $\square =$ ______

⑤ $\square \div 0.8 = 5.6$ ➡ $\square =$ ______ ➡ $\square =$ ______

6학년 방정식

B

월 일 /10

① $\frac{7}{8} \div \square = \frac{7}{20}$ $\square = \frac{7}{8} \div \frac{7}{20}$

➡ $\square =$ ______

② $6 \div \square = \frac{3}{7}$

➡ $\square =$ ______

③ $1\frac{1}{5} \div \square = 4$

➡ $\square =$ ______

④ $\square \div 4 = \frac{2}{5}$

➡ $\square =$ ______

⑤ $\square \div 2\frac{1}{6} = 4\frac{1}{2}$

➡ $\square =$ ______

⑥ $9.5 \div \square = 0.5$

➡ $\square =$ ______

⑦ $15.17 \div \square = 37$

➡ $\square =$ ______

⑧ $90 \div \square = 3.6$

➡ $\square =$ ______

⑨ $\square \div 4 = 1.72$

➡ $\square =$ ______

⑩ $\square \div 0.9 = 0.6$

➡ $\square =$ ______

6학년 방정식

① $\square \times 2 + \square = 12$ ➡ $\square \times$ 3 $= 12$ ➡ $\square =$ 4

($\square \times 2$ = $\square + \square$) 2번 ⊕ 1번 → 3번

② $\square \times 3 + \square \times 4 = 14$ ➡ $\square \times$ ____ $= 14$ ➡ $\square =$ ____

($\square + \square + \square$, $\square + \square + \square + \square$) 3번 ⊕ 4번 → 7번

③ $\square + \square + \square + \square = 1$ ➡ $\square \times$ ____ $= 1$ ➡ $\square =$ ____

1번 ⊕ 1번 ⊕ 1번 ⊕ 1번 → 4번

④ $\square \times \frac{1}{2} + \square \times \frac{1}{4} = 6$ ➡ $\square \times$ ____ $= 6$ ➡ $\square =$ ____

$\frac{1}{2}$ ⊕ $\frac{1}{4}$ → $\frac{3}{4}$

⑤ $\square \times 0.3 + \square \times 0.5 = 4.8$ ➡ $\square \times$ ____ $= 4.8$ ➡ $\square =$ ____

0.3 ⊕ 0.5 → 0.8

6학년 방정식

① $\square+\square+\square+\square=3$

➡ $\square=$ ______

② $\square+\square+\square=\frac{1}{4}$

➡ $\square=$ ______

③ $\square+\square\times5=30$

➡ $\square=$ ______

④ $\square\times1\frac{3}{5}+\square\times\frac{4}{5}=4$

➡ $\square=$ ______

⑤ $\square+\square\times0.6=4.8$

➡ $\square=$ ______

⑥ $\square+\square+\square+\square+\square=7$

➡ $\square=$ ______

⑦ $\square+\square=1.24$

➡ $\square=$ ______

⑧ $\square\times2+\square\times3=50$

➡ $\square=$ ______

⑨ $\square\times\frac{1}{3}+\square\times\frac{1}{6}=6$

➡ $\square=$ ______

⑩ $\square\times1.2+\square\times0.8=5$

➡ $\square=$ ______

6학년 방정식

A

월 일 /10

① $\square - 3\frac{5}{12} = 1\frac{7}{8}$

➡ $\square =$ ______

② $\frac{1}{4} \times \square = \frac{2}{3}$

➡ $\square =$ ______

③ $3\frac{1}{6} \div \square = 2\frac{1}{9}$

➡ $\square =$ ______

④ $\square \div 2\frac{2}{5} = 3\frac{1}{3}$

➡ $\square =$ ______

⑤ $\square \times \frac{1}{2} + \square = 7$

➡ $\square =$ ______

⑥ $2.46 + \square = 3$

➡ $\square =$ ______

⑦ $\square \times 6 = 12.36$

➡ $\square =$ ______

⑧ $23.68 \div \square = 0.64$

➡ $\square =$ ______

⑨ $\square \div 0.24 = 30$

➡ $\square =$ ______

⑩ $\square \times 0.7 + \square \times 1.1 = 9$

➡ $\square =$ ______

6학년 방정식

① 넓이가 12.15cm^2인 직사각형이 있습니다.
이 직사각형의 가로가 4.5 cm라면
세로는 몇 cm일까요?

식 $4.5 \times \square = 12.15$

답 cm

② $18\frac{2}{3}$를 어떤 수로 나누었더니 $3\frac{1}{9}$이 되었습니다.
어떤 수를 구하세요.

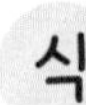

식

답

③ 연재네 반 학생의 $\frac{3}{5}$은 운동화를 신고, $\frac{1}{7}$은 장화를 신고
등교했습니다. 운동화와 장화를 신고 온 학생이 26명이라면
연재네 반 학생은 모두 몇 명일까요?

식

답 명

11권 끝!

12권으로 넘어갈까요?

앗!

본책의 정답과 풀이를 분실하셨나요?
길벗스쿨 홈페이지에 들어오시면 내려받으실 수 있습니다.
https://school.gilbut.co.kr/

기적의 계산법

정답

정답

11권

엄마표 학습 생활기록부

101 단계 <학습기간> 월 일 ~ 월 일

계획 준수	① 매우 잘함	② 잘함	③ 보통	④ 노력 요함	종합의견	
원리 이해	① 매우 잘함	② 잘함	③ 보통	④ 노력 요함		
시간 단축	① 매우 잘함	② 잘함	③ 보통	④ 노력 요함		
정확성	① 매우 잘함	② 잘함	③ 보통	④ 노력 요함		

102 단계 <학습기간> 월 일 ~ 월 일

계획 준수	① 매우 잘함	② 잘함	③ 보통	④ 노력 요함	종합의견	
원리 이해	① 매우 잘함	② 잘함	③ 보통	④ 노력 요함		
시간 단축	① 매우 잘함	② 잘함	③ 보통	④ 노력 요함		
정확성	① 매우 잘함	② 잘함	③ 보통	④ 노력 요함		

103 단계 <학습기간> 월 일 ~ 월 일

계획 준수	① 매우 잘함	② 잘함	③ 보통	④ 노력 요함	종합의견	
원리 이해	① 매우 잘함	② 잘함	③ 보통	④ 노력 요함		
시간 단축	① 매우 잘함	② 잘함	③ 보통	④ 노력 요함		
정확성	① 매우 잘함	② 잘함	③ 보통	④ 노력 요함		

104 단계 <학습기간> 월 일 ~ 월 일

계획 준수	① 매우 잘함	② 잘함	③ 보통	④ 노력 요함	종합의견	
원리 이해	① 매우 잘함	② 잘함	③ 보통	④ 노력 요함		
시간 단축	① 매우 잘함	② 잘함	③ 보통	④ 노력 요함		
정확성	① 매우 잘함	② 잘함	③ 보통	④ 노력 요함		

105 단계 <학습기간> 월 일 ~ 월 일

계획 준수	① 매우 잘함	② 잘함	③ 보통	④ 노력 요함	종합의견	
원리 이해	① 매우 잘함	② 잘함	③ 보통	④ 노력 요함		
시간 단축	① 매우 잘함	② 잘함	③ 보통	④ 노력 요함		
정확성	① 매우 잘함	② 잘함	③ 보통	④ 노력 요함		

엄마가 선생님이 되어 아이의 학업 성취도를 평가해 주세요.

106 단계

<학습기간> 월 일 ~ 월 일

계획 준수	① 매우 잘함	② 잘함	③ 보통	④ 노력 요함	종합의견	
원리 이해	① 매우 잘함	② 잘함	③ 보통	④ 노력 요함		
시간 단축	① 매우 잘함	② 잘함	③ 보통	④ 노력 요함		
정확성	① 매우 잘함	② 잘함	③ 보통	④ 노력 요함		

107 단계

<학습기간> 월 일 ~ 월 일

계획 준수	① 매우 잘함	② 잘함	③ 보통	④ 노력 요함	종합의견	
원리 이해	① 매우 잘함	② 잘함	③ 보통	④ 노력 요함		
시간 단축	① 매우 잘함	② 잘함	③ 보통	④ 노력 요함		
정확성	① 매우 잘함	② 잘함	③ 보통	④ 노력 요함		

108 단계

<학습기간> 월 일 ~ 월 일

계획 준수	① 매우 잘함	② 잘함	③ 보통	④ 노력 요함	종합의견	
원리 이해	① 매우 잘함	② 잘함	③ 보통	④ 노력 요함		
시간 단축	① 매우 잘함	② 잘함	③ 보통	④ 노력 요함		
정확성	① 매우 잘함	② 잘함	③ 보통	④ 노력 요함		

109 단계

<학습기간> 월 일 ~ 월 일

계획 준수	① 매우 잘함	② 잘함	③ 보통	④ 노력 요함	종합의견	
원리 이해	① 매우 잘함	② 잘함	③ 보통	④ 노력 요함		
시간 단축	① 매우 잘함	② 잘함	③ 보통	④ 노력 요함		
정확성	① 매우 잘함	② 잘함	③ 보통	④ 노력 요함		

110 단계

<학습기간> 월 일 ~ 월 일

계획 준수	① 매우 잘함	② 잘함	③ 보통	④ 노력 요함	종합의견	
원리 이해	① 매우 잘함	② 잘함	③ 보통	④ 노력 요함		
시간 단축	① 매우 잘함	② 잘함	③ 보통	④ 노력 요함		
정확성	① 매우 잘함	② 잘함	③ 보통	④ 노력 요함		

(자연수)÷(자연수), (분수)÷(자연수)

(자연수)÷(자연수)에서 나누어지는 수는 분자, 나누는 수는 분모가 되고, (분수)÷(자연수)는 나누는 수인 자연수를 나누어지는 수인 분수의 분모와 곱하여 계산합니다. 대분수와 자연수의 나눗셈 역시 대분수는 가분수로 바꾸어 계산하고, 약분이 되면 약분하여 기약분수로, 계산 결과가 가분수이면 대분수로 나타낼 수 있도록 지도해 주세요.

1 Day

11쪽 A

① $\frac{2}{3}$
② $\frac{5}{8}$
③ $\frac{3}{7}$
④ $\frac{1}{12}$
⑤ $\frac{4}{21}$
⑥ $1\frac{2}{13}$
⑦ $6\frac{3}{4}$
⑧ $\frac{1}{6}$
⑨ $\frac{1}{10}$
⑩ $\frac{1}{12}$
⑪ $\frac{1}{16}$
⑫ $\frac{4}{81}$
⑬ $\frac{2}{13}$
⑭ $\frac{13}{200}$

12쪽 B

① $1\frac{1}{3}$
② $\frac{5}{12}$
③ $\frac{3}{10}$
④ $\frac{3}{14}$
⑤ $\frac{3}{20}$
⑥ $\frac{7}{30}$
⑦ $\frac{5}{32}$
⑧ $\frac{9}{16}$
⑨ $\frac{4}{9}$
⑩ $\frac{5}{16}$
⑪ $\frac{4}{15}$
⑫ $\frac{5}{6}$
⑬ $\frac{3}{8}$
⑭ $\frac{14}{33}$

2 Day

13쪽 A

① $\frac{1}{6}$
② $\frac{3}{11}$
③ $\frac{7}{18}$
④ $\frac{10}{27}$
⑤ $\frac{9}{35}$
⑥ $3\frac{3}{5}$
⑦ $1\frac{1}{25}$
⑧ $\frac{1}{15}$
⑨ $\frac{1}{8}$
⑩ $\frac{1}{36}$
⑪ $\frac{2}{35}$
⑫ $\frac{1}{27}$
⑬ $\frac{1}{30}$
⑭ $\frac{5}{98}$

14쪽 B

① $\frac{3}{4}$
② $\frac{7}{12}$
③ $\frac{3}{4}$
④ $\frac{9}{10}$
⑤ $\frac{5}{24}$
⑥ $\frac{3}{32}$
⑦ $\frac{7}{100}$
⑧ $1\frac{1}{2}$
⑨ $1\frac{7}{9}$
⑩ $\frac{3}{4}$
⑪ $1\frac{1}{10}$
⑫ $\frac{7}{18}$
⑬ $\frac{5}{18}$
⑭ $\frac{9}{40}$

3 Day

15쪽 A

① $\frac{2}{21}$
② $\frac{5}{13}$
③ $\frac{7}{27}$
④ $\frac{16}{25}$
⑤ $\frac{29}{45}$
⑥ $1\frac{1}{20}$
⑦ $2\frac{4}{7}$
⑧ $\frac{3}{28}$
⑨ $\frac{1}{15}$
⑩ $\frac{1}{28}$
⑪ $\frac{1}{24}$
⑫ $\frac{2}{9}$
⑬ $\frac{1}{120}$
⑭ $\frac{3}{28}$

16쪽 B

① $\frac{3}{4}$
② $\frac{8}{9}$
③ $\frac{1}{18}$
④ $1\frac{1}{16}$
⑤ $\frac{3}{20}$
⑥ $\frac{12}{125}$
⑦ $\frac{8}{135}$
⑧ $\frac{3}{16}$
⑨ $\frac{2}{3}$
⑩ $\frac{8}{27}$
⑪ $\frac{17}{40}$
⑫ $\frac{6}{55}$
⑬ $\frac{5}{14}$
⑭ $\frac{3}{34}$

4 Day

17쪽 A

① $\frac{2}{5}$
② $\frac{5}{9}$
③ $\frac{16}{17}$
④ $\frac{18}{23}$
⑤ $1\frac{3}{20}$
⑥ $\frac{22}{91}$
⑦ $4\frac{4}{7}$
⑧ $\frac{1}{16}$
⑨ $\frac{1}{25}$
⑩ $\frac{3}{16}$
⑪ $\frac{1}{72}$
⑫ $\frac{1}{30}$
⑬ $\frac{14}{75}$
⑭ $\frac{3}{40}$

18쪽 B

① $\frac{2}{9}$
② $\frac{7}{12}$
③ $\frac{5}{54}$
④ $\frac{17}{21}$
⑤ $\frac{2}{33}$
⑥ $\frac{13}{48}$
⑦ $\frac{7}{64}$
⑧ $\frac{1}{4}$
⑨ $\frac{9}{49}$
⑩ $2\frac{1}{10}$
⑪ $\frac{3}{13}$
⑫ $\frac{8}{45}$
⑬ $\frac{5}{17}$
⑭ $\frac{13}{20}$

5 Day

19쪽 A

① $\frac{5}{6}$
② $\frac{4}{11}$
③ $\frac{8}{41}$
④ $\frac{19}{24}$
⑤ $\frac{17}{50}$
⑥ $2\frac{2}{5}$
⑦ $1\frac{11}{24}$
⑧ $\frac{1}{36}$
⑨ $\frac{5}{42}$
⑩ $\frac{2}{35}$
⑪ $\frac{1}{45}$
⑫ $\frac{3}{10}$
⑬ $\frac{1}{40}$
⑭ $\frac{2}{25}$

20쪽 B

① $1\frac{1}{6}$
② $\frac{13}{24}$
③ $\frac{17}{24}$
④ $\frac{2}{25}$
⑤ $1\frac{1}{8}$
⑥ $\frac{11}{45}$
⑦ $\frac{3}{22}$
⑧ $2\frac{1}{4}$
⑨ $\frac{4}{7}$
⑩ $1\frac{1}{9}$
⑪ $1\frac{4}{13}$
⑫ $\frac{11}{30}$
⑬ $\frac{3}{100}$
⑭ $\frac{16}{27}$

분수의 나눗셈 ❶

지도가이드

102단계에서는 (자연수)÷(단위분수), 분모가 같은 (진분수)÷(진분수)를 익힙니다.
일반적으로 아이들은 나눗셈을 하면 결과가 나누어지는 수보다 작아진다고 생각하는데 나누는 수가 진분수일 경우 결과가 나누어지는 수보다 커질 수 있음을 알려 주세요.

➡ $6 \div 2 = 3$, $6 \div \frac{1}{2} = 12$

1 Day

23쪽 Ⓐ

① 16	⑤ 32	⑨ 64	⑬ 65
② 21	⑥ 54	⑩ 60	⑭ 98
③ 25	⑦ 10	⑪ 33	⑮ 135
④ 21	⑧ 180	⑫ 24	⑯ 160

24쪽 Ⓑ

① 3	⑤ $1\frac{2}{3}$	⑨ 2	⑬ $\frac{1}{5}$
② 2	⑥ 8	⑩ $2\frac{1}{3}$	⑭ 5
③ 5	⑦ $1\frac{2}{5}$	⑪ $1\frac{1}{4}$	⑮ 2
④ $\frac{1}{6}$	⑧ $\frac{1}{2}$	⑫ $\frac{1}{3}$	⑯ $\frac{2}{3}$

2 Day

25쪽 Ⓐ

① 2	⑤ 14	⑨ 36	⑬ 108
② 36	⑥ 81	⑩ 20	⑭ 52
③ 40	⑦ 30	⑪ 30	⑮ 70
④ 42	⑧ 90	⑫ 132	⑯ 32

26쪽 Ⓑ

① 2	⑤ $\frac{2}{5}$	⑨ 2	⑬ $\frac{5}{11}$
② $\frac{1}{5}$	⑥ $\frac{1}{6}$	⑩ $1\frac{1}{2}$	⑭ $2\frac{1}{2}$
③ $\frac{1}{2}$	⑦ $1\frac{7}{10}$	⑪ $3\frac{1}{2}$	⑮ 2
④ $\frac{2}{7}$	⑧ 3	⑫ $\frac{1}{3}$	⑯ $1\frac{4}{7}$

3 Day

27쪽 A

① 15
② 36
③ 54
④ 45
⑤ 10
⑥ 40
⑦ 28
⑧ 84
⑨ 7
⑩ 12
⑪ 96
⑫ 99
⑬ 165
⑭ 96
⑮ 240
⑯ 120

28쪽 B

① 1
② $\frac{1}{4}$
③ 3
④ $\frac{5}{8}$
⑤ $1\frac{4}{5}$
⑥ $\frac{1}{13}$
⑦ $\frac{1}{2}$
⑧ $\frac{7}{16}$
⑨ $\frac{1}{2}$
⑩ 7
⑪ $\frac{3}{7}$
⑫ $1\frac{2}{3}$
⑬ $\frac{1}{6}$
⑭ $1\frac{3}{4}$
⑮ $\frac{1}{4}$
⑯ $1\frac{1}{6}$

4 Day

29쪽 A

① 4
② 24
③ 4
④ 45
⑤ 30
⑥ 49
⑦ 40
⑧ 27
⑨ 80
⑩ 99
⑪ 91
⑫ 42
⑬ 150
⑭ 68
⑮ 270
⑯ 120

30쪽 B

① $\frac{1}{3}$
② $2\frac{1}{3}$
③ $\frac{1}{3}$
④ $\frac{5}{11}$
⑤ 3
⑥ $\frac{1}{8}$
⑦ $\frac{7}{17}$
⑧ $4\frac{3}{5}$
⑨ $\frac{1}{2}$
⑩ $\frac{2}{5}$
⑪ $\frac{1}{2}$
⑫ $3\frac{1}{2}$
⑬ $\frac{3}{5}$
⑭ $\frac{8}{13}$
⑮ $3\frac{1}{2}$
⑯ $1\frac{1}{8}$

5 Day

31쪽 A

① 18
② 32
③ 12
④ 63
⑤ 36
⑥ 99
⑦ 45
⑧ 300
⑨ 8
⑩ 40
⑪ 70
⑫ 55
⑬ 144
⑭ 117
⑮ 44
⑯ 105

32쪽 B

① $\frac{1}{2}$
② $\frac{2}{3}$
③ 2
④ $\frac{1}{4}$
⑤ $1\frac{3}{7}$
⑥ 4
⑦ $\frac{1}{2}$
⑧ $2\frac{1}{3}$
⑨ $1\frac{2}{3}$
⑩ $1\frac{3}{4}$
⑪ 3
⑫ $\frac{5}{7}$
⑬ $2\frac{1}{3}$
⑭ $\frac{2}{3}$
⑮ $1\frac{1}{8}$
⑯ $1\frac{2}{3}$

분수의 나눗셈 ❷

지도가이드

분모가 다른 분수끼리의 나눗셈에서 가장 많이 틀리는 원인은 나눗셈을 곱셈으로 고친 후 나누는 수의 분모와 분자를 바꾸어 곱하지 않았기 때문이고, 대분수의 나눗셈은 대분수를 가분수로 고치지 않고 계산했기 때문입니다. 아이가 계산 원리에 따라 계산할 수 있도록 옆에서 잘 관찰하고 지도해 주세요.

1 Day

35쪽 Ⓐ

① $1\frac{1}{8}$	⑤ $\frac{11}{12}$	⑨ $1\frac{1}{2}$	⑬ $1\frac{1}{2}$
② $1\frac{2}{3}$	⑥ $1\frac{3}{7}$	⑩ $1\frac{1}{48}$	⑭ $\frac{11}{14}$
③ $1\frac{1}{2}$	⑦ $\frac{13}{16}$	⑪ $\frac{1}{2}$	⑮ $1\frac{13}{15}$
④ $1\frac{7}{25}$	⑧ $\frac{5}{12}$	⑫ $\frac{14}{25}$	⑯ $1\frac{1}{27}$

36쪽 Ⓑ

① $4\frac{1}{6}$	⑤ $\frac{7}{16}$	⑨ $2\frac{12}{17}$	⑬ $2\frac{1}{3}$
② 6	⑥ $\frac{3}{28}$	⑩ $1\frac{5}{16}$	⑭ $\frac{5}{6}$
③ $3\frac{31}{35}$	⑦ $\frac{5}{32}$	⑪ $3\frac{3}{4}$	⑮ $1\frac{13}{15}$
④ $2\frac{2}{9}$	⑧ $\frac{21}{55}$	⑫ $\frac{15}{28}$	⑯ $\frac{31}{66}$

2 Day

37쪽 Ⓐ

① $\frac{5}{6}$	⑤ $\frac{9}{14}$	⑨ $\frac{19}{22}$	⑬ $\frac{3}{8}$
② $\frac{3}{8}$	⑥ $\frac{2}{3}$	⑩ $\frac{3}{16}$	⑭ $1\frac{1}{3}$
③ $1\frac{2}{5}$	⑦ $9\frac{1}{3}$	⑪ $1\frac{4}{9}$	⑮ $\frac{2}{3}$
④ $\frac{2}{9}$	⑧ $3\frac{3}{4}$	⑫ $\frac{39}{64}$	⑯ $4\frac{1}{2}$

38쪽 Ⓑ

① 14	⑤ $\frac{2}{9}$	⑨ $4\frac{4}{5}$	⑬ $1\frac{1}{2}$
② 12	⑥ $\frac{1}{8}$	⑩ $\frac{2}{3}$	⑭ $\frac{3}{4}$
③ $4\frac{2}{3}$	⑦ $\frac{9}{70}$	⑪ $1\frac{1}{35}$	⑮ $1\frac{31}{32}$
④ 6	⑧ $\frac{35}{99}$	⑫ $1\frac{19}{20}$	⑯ $\frac{7}{12}$

3 Day

39쪽 Ⓐ

① $\frac{4}{7}$	⑤ $\frac{8}{9}$	⑨ $\frac{16}{25}$	⑬ $1\frac{7}{20}$
② 6	⑥ $1\frac{23}{49}$	⑩ $\frac{4}{5}$	⑭ $1\frac{1}{8}$
③ $1\frac{1}{4}$	⑦ $\frac{4}{5}$	⑪ $\frac{1}{8}$	⑮ $1\frac{1}{6}$
④ $\frac{9}{10}$	⑧ $1\frac{5}{27}$	⑫ $4\frac{3}{4}$	⑯ $1\frac{1}{3}$

40쪽 Ⓑ

① $7\frac{1}{2}$	⑤ $\frac{7}{15}$	⑨ $1\frac{1}{8}$	⑬ $\frac{17}{18}$
② $16\frac{1}{2}$	⑥ $\frac{4}{21}$	⑩ $\frac{4}{15}$	⑭ $\frac{3}{7}$
③ $1\frac{3}{5}$	⑦ $\frac{8}{63}$	⑪ $4\frac{5}{7}$	⑮ $\frac{3}{4}$
④ $3\frac{3}{4}$	⑧ $\frac{5}{18}$	⑫ $\frac{4}{15}$	⑯ $\frac{15}{16}$

4 Day

41쪽 Ⓐ

① 2	⑤ $\frac{3}{4}$	⑨ $\frac{11}{13}$	⑬ $\frac{1}{4}$
② $2\frac{1}{3}$	⑥ $1\frac{31}{32}$	⑩ $1\frac{1}{5}$	⑭ $1\frac{1}{4}$
③ $\frac{4}{9}$	⑦ $3\frac{1}{3}$	⑪ $2\frac{2}{19}$	⑮ $2\frac{22}{45}$
④ $1\frac{1}{4}$	⑧ $1\frac{1}{4}$	⑫ $\frac{9}{16}$	⑯ $1\frac{1}{4}$

42쪽 Ⓑ

① $1\frac{5}{9}$	⑤ $\frac{2}{7}$	⑨ $2\frac{1}{6}$	⑬ $1\frac{13}{14}$
② 21	⑥ $\frac{2}{11}$	⑩ $2\frac{1}{4}$	⑭ $\frac{7}{12}$
③ $8\frac{1}{3}$	⑦ $\frac{9}{16}$	⑪ $\frac{9}{14}$	⑮ $1\frac{5}{34}$
④ $1\frac{13}{22}$	⑧ $\frac{7}{27}$	⑫ $\frac{15}{16}$	⑯ $1\frac{1}{4}$

5 Day

43쪽 Ⓐ

① 3	⑤ $1\frac{29}{36}$	⑨ $1\frac{1}{15}$	⑬ $1\frac{2}{3}$
② $\frac{4}{7}$	⑥ $\frac{6}{7}$	⑩ $\frac{1}{10}$	⑭ $\frac{1}{7}$
③ $\frac{9}{10}$	⑦ $1\frac{3}{4}$	⑪ $\frac{2}{3}$	⑮ $1\frac{1}{2}$
④ $2\frac{1}{2}$	⑧ $1\frac{8}{27}$	⑫ $\frac{7}{12}$	⑯ $1\frac{2}{5}$

44쪽 Ⓑ

① $13\frac{1}{2}$	⑤ $\frac{2}{11}$	⑨ $1\frac{1}{15}$	⑬ $\frac{10}{11}$
② $5\frac{1}{2}$	⑥ $\frac{8}{11}$	⑩ $1\frac{1}{4}$	⑭ $\frac{9}{10}$
③ 10	⑦ $\frac{1}{12}$	⑪ $1\frac{1}{6}$	⑮ $\frac{3}{8}$
④ $1\frac{5}{9}$	⑧ $\frac{3}{46}$	⑫ $\frac{3}{4}$	⑯ $\frac{14}{15}$

분수의 나눗셈 ③

아이들이 많이 하는 실수는 ① 연산 기호만 ÷에서 ×로 바꾸고 나누는 수를 역수로 바꾸지 않고 계산하기, ② 대분수를 가분수로 바꾸지 않고 계산하기입니다. 이 두 가지를 주의하며 풀 수 있도록 지도해 주세요. 분수의 곱셈이 취약한 경우에는 10권 95~97단계를, 대분수를 가분수로 바꾸는 것이 취약한 경우에는 8권 71단계를 다시 공부합니다.

1 Day

47쪽 A

① $2\frac{2}{3}$ ② $17\frac{1}{2}$ ③ 6 ④ 32
⑤ $5\frac{2}{5}$ ⑥ $27\frac{1}{2}$ ⑦ $6\frac{2}{5}$ ⑧ $5\frac{2}{3}$
⑨ 3 ⑩ $1\frac{1}{5}$ ⑪ $3\frac{1}{2}$ ⑫ $4\frac{2}{7}$
⑬ $1\frac{2}{3}$ ⑭ $4\frac{4}{5}$ ⑮ $13\frac{1}{3}$ ⑯ $5\frac{1}{5}$

48쪽 B

① 1 ② $1\frac{1}{3}$ ③ $3\frac{3}{4}$ ④ $1\frac{11}{25}$
⑤ $1\frac{1}{4}$ ⑥ $\frac{15}{28}$ ⑦ $\frac{7}{36}$ ⑧ 9

2 Day

49쪽 A

① 12 ② 32 ③ $7\frac{1}{2}$ ④ 21
⑤ $4\frac{1}{2}$ ⑥ $3\frac{2}{3}$ ⑦ 13 ⑧ $11\frac{1}{5}$
⑨ $1\frac{1}{4}$ ⑩ $4\frac{4}{9}$ ⑪ $1\frac{11}{13}$ ⑫ $8\frac{4}{7}$
⑬ $5\frac{1}{3}$ ⑭ $5\frac{5}{6}$ ⑮ 9 ⑯ $6\frac{2}{5}$

50쪽 B

① 14 ② $\frac{9}{10}$ ③ $1\frac{3}{7}$ ④ $4\frac{1}{3}$
⑤ $\frac{3}{5}$ ⑥ $\frac{1}{7}$ ⑦ $\frac{5}{12}$ ⑧ 1

3 Day

51쪽 A

① 10 ② 12 ③ 30 ④ $10\frac{1}{2}$

⑤ 8 ⑥ $22\frac{1}{2}$ ⑦ $6\frac{1}{2}$ ⑧ $2\frac{5}{8}$

⑨ $1\frac{1}{2}$ ⑩ $6\frac{2}{3}$ ⑪ $4\frac{1}{2}$ ⑫ $8\frac{1}{4}$

⑬ $16\frac{4}{5}$ ⑭ $8\frac{2}{5}$ ⑮ $5\frac{3}{5}$ ⑯ $3\frac{9}{17}$

52쪽 B

① 40 ② $11\frac{1}{4}$ ③ $\frac{2}{5}$ ④ $3\frac{3}{5}$

⑤ $2\frac{1}{2}$ ⑥ $1\frac{1}{4}$ ⑦ $2\frac{5}{8}$ ⑧ $3\frac{6}{7}$

4 Day

53쪽 A

① 12 ② $1\frac{1}{2}$ ③ $2\frac{1}{2}$ ④ $10\frac{1}{2}$

⑤ 32 ⑥ $6\frac{2}{3}$ ⑦ $22\frac{1}{2}$ ⑧ $20\frac{5}{7}$

⑨ $2\frac{2}{3}$ ⑩ $2\frac{4}{7}$ ⑪ $5\frac{1}{3}$ ⑫ $9\frac{5}{8}$

⑬ $6\frac{1}{2}$ ⑭ $9\frac{1}{3}$ ⑮ 10 ⑯ $10\frac{5}{8}$

54쪽 B

① $\frac{1}{6}$ ② $8\frac{2}{5}$ ③ $1\frac{1}{8}$ ④ $1\frac{1}{2}$

⑤ $\frac{1}{3}$ ⑥ $2\frac{1}{2}$ ⑦ 10 ⑧ $1\frac{1}{8}$

5 Day

55쪽 A

① 15 ② $9\frac{1}{3}$ ③ 48 ④ $24\frac{1}{2}$

⑤ $2\frac{6}{7}$ ⑥ $9\frac{1}{3}$ ⑦ $28\frac{1}{3}$ ⑧ $6\frac{1}{4}$

⑨ 10 ⑩ $4\frac{4}{7}$ ⑪ $4\frac{1}{2}$ ⑫ $6\frac{3}{5}$

⑬ $10\frac{5}{6}$ ⑭ $8\frac{4}{7}$ ⑮ $2\frac{1}{3}$ ⑯ $11\frac{2}{5}$

56쪽 B

① $3\frac{1}{9}$ ② $\frac{25}{42}$ ③ $\frac{8}{15}$ ④ $2\frac{1}{2}$

⑤ $1\frac{2}{3}$ ⑥ 4 ⑦ $\frac{3}{8}$ ⑧ $1\frac{1}{7}$

(소수)÷(자연수)

지도가이드

나누는 수가 같을 때, 나누어지는 수의 소수점을 왼쪽으로 한 자리 옮기면 몫의 소수점도 왼쪽으로 한 자리 옮겨집니다. 26÷2=13 → 2.6÷2=1.3
이와 같은 원리로 (소수)÷(자연수)는 (자연수)÷(자연수)처럼 계산한 다음, 나누어지는 수의 소수점 위치에 맞추어 몫의 소수점을 찍으면 된다는 것을 아이에게 이해시켜 주세요.

1 Day

59쪽 A

① 3.35 ② 0.8 ③ 1.84 ④ 14.08 ⑤ 2.45 ⑥ 1.06 ⑦ 6.55 ⑧ 3.5 ⑨ 0.16

60쪽 B

① 2.47 ② 1.82 ③ 3.05 ④ 6.14 ⑤ 0.7 ⑥ 7.92 ⑦ 3.2 ⑧ 4.05 ⑨ 5.38

2 Day

61쪽 A

① 0.98 ② 9.06 ③ 1.6 ④ 2.74 ⑤ 5.29 ⑥ 5.05 ⑦ 4.31 ⑧ 0.08 ⑨ 0.7

62쪽 B

① 8.75 ② 6.18 ③ 3.02 ④ 0.8 ⑤ 1.6 ⑥ 2.56 ⑦ 0.08 ⑧ 3.24 ⑨ 1.07

3 Day

63쪽 A

① 4.57 ② 0.8 ③ 8.6 ④ 3.56 ⑤ 5.07 ⑥ 1.35 ⑦ 0.15 ⑧ 2.4 ⑨ 0.77

64쪽 B

① 12.9 ② 0.93 ③ 1.05 ④ 5.37 ⑤ 7.08 ⑥ 4.6 ⑦ 3.14 ⑧ 0.76 ⑨ 0.9

4 Day

65쪽 A

① 9.35 ② 2.27 ③ 0.83 ④ 5.35 ⑤ 3.4 ⑥ 2.05 ⑦ 3.06 ⑧ 1.69 ⑨ 0.05

66쪽 B

① 9.05 ② 0.47 ③ 6.5 ④ 2.55 ⑤ 6.07 ⑥ 7.2 ⑦ 1.38 ⑧ 0.3 ⑨ 0.64

5 Day

67쪽 A

① 5.4 ② 8.12 ③ 0.8 ④ 2.52 ⑤ 0.52 ⑥ 6.05 ⑦ 4.26 ⑧ 2.08 ⑨ 9.7

68쪽 B

① 8.35 ② 5.09 ③ 8.08 ④ 9.4 ⑤ 0.2 ⑥ 0.46 ⑦ 2.5 ⑧ 1.73 ⑨ 0.85

몫이 소수인 (자연수)÷(자연수)

지도가이드

(자연수)÷(자연수)의 몫이 소수로 간단하게 구해지지 않을 경우에 몫을 반올림하여 나타내는데, 반올림은 구하려고 하는 자리 바로 아래 자리의 숫자가 0, 1, 2, 3, 4이면 버리고, 5, 6, 7, 8, 9이면 올리는 방법임을 알려 주세요.

1 Day

71쪽 A

① 2.25	④ 3.25	⑦ 2.2
② 3.8	⑤ 5.5	⑧ 2.45
③ 0.4	⑥ 0.25	⑨ 0.72

72쪽 B

① 1.1	③ 4.2	⑤ 2.7
② 0.3	④ 1.4	⑥ 2.4

2 Day

73쪽 A

① 1.4	④ 5.8	⑦ 2.75
② 1.75	⑤ 8.5	⑧ 2.8
③ 0.75	⑥ 0.4	⑨ 0.75

74쪽 B

① 1.86	③ 1.89	⑤ 2.43
② 0.33	④ 6.67	⑥ 5.18

3 Day

75쪽 A

① 1.5 ④ 3.25 ⑦ 5.75
② 3.4 ⑤ 10.5 ⑧ 5.2
③ 0.6 ⑥ 0.25 ⑨ 0.5

76쪽 B

① 1.8 ③ 17.3 ⑤ 3.1
② 0.4 ④ 13.6 ⑥ 2.1

4 Day

77쪽 A

① 2.5 ④ 1.25 ⑦ 4.5
② 5.4 ⑤ 12.5 ⑧ 1.75
③ 0.875 ⑥ 0.25 ⑨ 0.45

78쪽 B

① 2.67 ③ 3.11 ⑤ 2.62
② 0.71 ④ 6.43 ⑥ 2.04

5 Day

79쪽 A

① 1.6 ④ 12.8 ⑦ 4.25
② 5.75 ⑤ 8.75 ⑧ 2.5
③ 0.25 ⑥ 0.04 ⑨ 0.25

80쪽 B

① 2.1 ③ 7.2 ⑤ 7.8
② 0.7 ④ 9.1 ⑥ 2.8

소수의 나눗셈 ❶

(소수)÷(소수)에서 나누는 수와 나누어지는 수의 소수점을 똑같이 옮겨도 몫이 변하지 않는다는 것을 이해시켜 주세요. 자릿수가 같은 소수의 나눗셈에서 소수점을 똑같이 옮기면 (자연수)÷(자연수)가 되고, 이것을 계산하여 구한 몫이 처음 (소수)÷(소수)의 몫과 같음을 다시 한번 알려 주세요.

1 Day

83쪽 A

① 6
② 4
③ 57
④ 28
⑤ 8
⑥ 3
⑦ 63
⑧ 19
⑨ 8
⑩ 7
⑪ 34
⑫ 12

84쪽 B

① 3
② 27
③ 32
④ 13
⑤ 2
⑥ 13
⑦ 41
⑧ 16
⑨ 2

2 Day

85쪽 A

① 8
② 5
③ 12
④ 33
⑤ 3
⑥ 4
⑦ 27
⑧ 37
⑨ 9
⑩ 6
⑪ 24
⑫ 11

86쪽 B

① 5
② 15
③ 114
④ 27
⑤ 29
⑥ 108
⑦ 26
⑧ 13
⑨ 39

3 Day

87쪽 A

① 4	⑤ 9	⑨ 7
② 6	⑥ 2	⑩ 5
③ 29	⑦ 61	⑪ 35
④ 14	⑧ 43	⑫ 28

88쪽 B

① 3	④ 402	⑦ 15
② 33	⑤ 7	⑧ 16
③ 278	⑥ 234	⑨ 25

4 Day

89쪽 A

① 3	⑤ 9	⑨ 8
② 5	⑥ 7	⑩ 4
③ 42	⑦ 47	⑪ 53
④ 62	⑧ 12	⑫ 28

90쪽 B

① 7	④ 27	⑦ 47
② 34	⑤ 9	⑧ 11
③ 15	⑥ 222	⑨ 106

5 Day

91쪽 A

① 2	⑤ 8	⑨ 9
② 4	⑥ 3	⑩ 7
③ 39	⑦ 76	⑪ 47
④ 13	⑧ 18	⑫ 23

92쪽 B

① 7	④ 101	⑦ 25
② 44	⑤ 9	⑧ 32
③ 123	⑥ 58	⑨ 19

소수의 나눗셈 ❷

지도가이드

소수의 나눗셈에서 핵심 계산 원리는 나누는 수와 나누어지는 수의 소수점을 똑같이 옮겨도 몫이 변하지 않는다는 것을 이해하는 것입니다. 이 계산 원리를 이용하여 나누는 수를 자연수로 만들면 11권 105~106단계에서 배운 (소수)÷(자연수), (자연수)÷(자연수)의 형태가 되어 쉽게 계산할 수 있습니다.

1 Day

95쪽 A

① 0.6
② 3.2
③ 8
④ 45
⑤ 0.15
⑥ 0.25
⑦ 12
⑧ 50
⑨ 2.3
⑩ 5
⑪ 70
⑫ 0.7

96쪽 B

① 2.3
② 75
③ 25
④ 0.59
⑤ 1.08
⑥ 5
⑦ 1.6
⑧ 100
⑨ 41.7

2 Day

97쪽 A

① 0.8
② 4.3
③ 6
④ 50
⑤ 0.05
⑥ 8.6
⑦ 0.47
⑧ 25
⑨ 0.085
⑩ 0.9
⑪ 50
⑫ 3.2

98쪽 B

① 0.4
② 2.2
③ 8
④ 6.7
⑤ 28
⑥ 0.13
⑦ 36
⑧ 1.2
⑨ 17.2

3 Day

99쪽 A

① 3.7
② 0.8
③ 0.9
④ 4
⑤ 0.45
⑥ 0.58
⑦ 70
⑧ 50
⑨ 0.8
⑩ 1.8
⑪ 24
⑫ 35

100쪽 B

① 0.5
② 1.3
③ 2.5
④ 0.14
⑤ 6.8
⑥ 50
⑦ 2.7
⑧ 15
⑨ 1.1

4 Day

101쪽 A

① 0.8
② 0.7
③ 1.8
④ 5
⑤ 2.4
⑥ 0.51
⑦ 60
⑧ 85
⑨ 40
⑩ 0.9
⑪ 0.4
⑫ 16

102쪽 B

① 0.8
② 4.2
③ 45
④ 0.13
⑤ 0.36
⑥ 6
⑦ 0.4
⑧ 20.9
⑨ 3.2

5 Day

103쪽 A

① 0.6
② 1.7
③ 6.1
④ 5
⑤ 4
⑥ 0.59
⑦ 0.05
⑧ 20
⑨ 50
⑩ 3.4
⑪ 5
⑫ 1.2

104쪽 B

① 0.5
② 3.6
③ 85
④ 0.23
⑤ 7.1
⑥ 22
⑦ 20
⑧ 4.8
⑨ 45.1

109단계 소수의 나눗셈 ③

지도가이드

109단계에서 배우는 (소수)÷(자연수)는 몫을 자연수 부분까지 구했을 때 나머지가 있는 소수의 나눗셈입니다. 대부분의 아이들이 열심히 세로로 계산을 다 해 놓고 나머지에 소수점을 잘못 찍어 틀리는 경우가 많습니다. 나머지는 나누어지는 수의 소수점 위치에 맞추어 찍는다는 것을 강조해 주세요.

1 Day

107쪽 Ⓐ

① 7, 0.9
② 23, 3.9
③ 3, 2.6
④ 10, 6.51
⑤ 14, 0.03
⑥ 2, 5.94
⑦ 4, 31.3
⑧ 28, 10.9
⑨ 7, 0.16

108쪽 Ⓑ

① 7.3, 7.33
② 4.9, 4.87
③ 2.3, 2.33
④ 1.6, 1.61

2 Day

109쪽 Ⓐ

① 15, 0.7
② 25, 1.8
③ 3, 11.5
④ 11, 0.46
⑤ 13, 0.34
⑥ 2, 17.95
⑦ 15, 44.9
⑧ 46, 2.82
⑨ 21, 7.14

110쪽 Ⓑ

① 7.8, 7.83
② 70.6, 70.64
③ 5.3, 5.25
④ 1.4, 1.42

3 Day

111쪽 A

① 2, 0.5
② 11, 4.4
③ 2, 13.9
④ 12, 1.61
⑤ 15, 4.47
⑥ 3, 0.25
⑦ 6, 4.146
⑧ 22, 1.14
⑨ 30, 25.65

112쪽 B

① 4.7, 4.67
② 1.3, 1.28
③ 1.4, 1.45
④ 4.4, 4.45

4 Day

113쪽 A

① 13, 3.3
② 15, 1.8
③ 3, 6.5
④ 12, 1.15
⑤ 21, 0.73
⑥ 7, 11.42
⑦ 4, 0.147
⑧ 6, 50.5
⑨ 56, 6.22

114쪽 B

① 5.6, 5.57
② 4.7, 4.72
③ 2.1, 2.07
④ 1.8, 1.78

5 Day

115쪽 A

① 5, 0.6
② 13, 4.4
③ 4, 13.8
④ 40, 0.19
⑤ 13, 3.72
⑥ 2, 3.56
⑦ 2, 16.842
⑧ 5, 1.6
⑨ 7, 73.8

116쪽 B

① 5.3, 5.33
② 3.1, 3.08
③ 3.8, 3.81
④ 2.3, 2.33

6학년 방정식

110단계에서는 방정식 마무리 단계로 지금까지 배웠던 여러 가지 식에서 □의 값을 구합니다. 덧셈, 뺄셈이 어려운 경우에는 4권, 8권(분수, 소수), 9권(분수)의 방정식을, 곱셈, 나눗셈이 어려운 경우에는 5권, 6권의 방정식을, 혼합 계산이 어려운 경우에는 10권의 방정식을 다시 학습시켜 주세요.

1 Day

119쪽 A

① $\frac{1}{3}-\frac{1}{4}$, $\frac{1}{12}$

② 0.8−0.5, 0.3

③ $\frac{9}{10}-\frac{5}{6}$, $\frac{1}{15}$

④ 1−0.44, 0.56

⑤ $\frac{5}{6}+\frac{4}{9}$ 또는 $\frac{4}{9}+\frac{5}{6}$, $1\frac{5}{18}$

120쪽 B

① $2\frac{7}{9}$

② $\frac{49}{54}$

③ $3\frac{1}{6}$

④ $4\frac{1}{30}$

⑤ $2\frac{5}{6}$

⑥ 0.68

⑦ 0.64

⑧ 0.2

⑨ 1.2

⑩ 6.09

2 Day

121쪽 A

① $3\div\frac{1}{3}$, 9

② $\frac{5}{12}\div\frac{8}{9}$, $\frac{15}{32}$

③ 20.8÷1.6, 13

④ $2\div\frac{4}{7}$, $3\frac{1}{2}$

⑤ 6.46÷0.19, 34

122쪽 B

① $\frac{3}{20}$

② 5

③ $2\frac{4}{5}$

④ $\frac{1}{3}$

⑤ $1\frac{1}{9}$

⑥ 0.21

⑦ 1.5

⑧ 16

⑨ 20.6

⑩ 48

3 Day

123쪽 A

① $\frac{7}{10} \div 5\frac{1}{4}$, $\frac{2}{15}$

② $\frac{1}{3} \div \frac{1}{4}$, $1\frac{1}{3}$

③ $2.88 \div 0.24$, 12

④ $\frac{1}{3} \times \frac{1}{4}$ 또는 $\frac{1}{4} \times \frac{1}{3}$, $\frac{1}{12}$

⑤ 0.8×5.6 또는 5.6×0.8, 4.48

124쪽 B

① $2\frac{1}{2}$

② 14

③ $\frac{3}{10}$

④ $1\frac{3}{5}$

⑤ $9\frac{3}{4}$

⑥ 19

⑦ 0.41

⑧ 25

⑨ 6.88

⑩ 0.54

4 Day

125쪽 A

① 3, 4

② 7, 2

③ 4, $\frac{1}{4}$ 또는 0.25

④ $\frac{3}{4}$, 8

⑤ 0.8, 6

126쪽 B

① $\frac{3}{4}$ 또는 0.75

② $\frac{1}{12}$

③ 5

④ $1\frac{2}{3}$

⑤ 3

⑥ $1\frac{2}{5}$ 또는 1.4

⑦ 0.62

⑧ 10

⑨ 12

⑩ $2\frac{1}{2}$ 또는 2.5

5 Day

127쪽 A

① $5\frac{7}{24}$

② $2\frac{2}{3}$

③ $1\frac{1}{2}$

④ 8

⑤ $4\frac{2}{3}$

⑥ 0.54

⑦ 2.06

⑧ 37

⑨ 7.2

⑩ 5

128쪽 B

① 예 $4.5 \times \square = 12.15$, 2.7

② 예 $18\frac{2}{3} \div \square = 3\frac{1}{9}$, 6

③ 예 $\square \times \frac{3}{5} + \square \times \frac{1}{7} = 26$, 35

수고하셨습니다.

다음 단계로 올라갈까요?

기적의 계산법

길벗스쿨

“오늘도 한 뼘 자랐습니다.”